Hermann Hoffmann

Mykologische Berichte

Übersicht der neuesten Arbeiten auf dem Gebiete der Pilzkunde

Hermann Hoffmann

Mykologische Berichte
Übersicht der neuesten Arbeiten auf dem Gebiete der Pilzkunde

ISBN/EAN: 9783741184543

Hergestellt in Europa, USA, Kanada, Australien, Japan

Cover: Foto ©Klaus-Uwe Gerhardt /pixelio.de

Manufactured and distributed by brebook publishing software
(www.brebook.com)

Hermann Hoffmann

Mykologische Berichte

Mykologische Berichte.

Uebersicht

der neuesten Arbeiten auf dem Gebiete der Pilzkunde.

Von

Hermann Hoffmann,

ordentlichem Professor der Botanik in Giessen.

Giessen.
J. Ricker'sche Buchhandlung.
1870.

,oogle

Vorrede.

Während die Zahl der Beobachter und For-
scher auf dem Gebiete der Pilzkunde in neuerer
Zeit auf eine erfreuliche Weise zugenommen hat,
und durch dieselbe eine Reihe der wichtigsten
Erscheinungen aufgeklärt worden ist, wird es gleich-
zeitig von Tag zu Tage schwieriger, die betreffende
Literatur zu übersehen und von diesen Forschungen
Kenntnifs zu erhalten. Denn diese Arbeiten sind
so aufserordentlich zerstreut, dafs man dieselben
in den verschiedensten Zeitschriften des In- und
Auslandes, sowie in zahlreichen selbstständigen
Publicationen zusammensuchen mufs, wozu Viele
sonst bei der Sache Interessirte in der Regel weder
die Mufse, noch die Gelegenheit haben. So kommt
es denn, dafs gar manche wichtige Arbeit nicht
die Beachtung findet, welche sie verdient, und

nicht oder sehr verspätet in die Kreise eindringt, für welche sie bestimmt war, und welche von ihrer Kenntnifs hätten Nutzen ziehen können.

Ganz dieselbe Erscheinung zeigt sich übrigens auch in allen anderen Zweigen der allumfassenden Naturwissenschaft, in welcher gegenwärtig eine Regsamkeit und eine Productivität obwaltet, wie nie zuvor. Es hat diefs bekanntlich in der Physik, Chemie und mehreren anderen Wissenschaften schon seit längerer Zeit zu der Veröffentlichung von Jahresberichten u. dgl. Auskunftsmitteln geführt, welche im Allgemeinen den Zweck verfolgen, den wesentlichsten Inhalt der zerstreuten neuesten Literatur des betreffenden Faches zu registriren und kurz referirend zusammenzufassen. Sie pflegen, obgleich stets von Specialisten verfafst, sich doch, soweit es angeht, eben nur auf eine möglichst objective Berichterstattung zu beschränken. Das eigentliche Recensiren aber, sowie überhaupt die Einmischung des Subjectiven seitens des Referenten wird vermieden und mit Recht den Bearbeitern der einzelnen Gegenstände selbst überlassen; es verbleibt also der speciellen Discussion der über dieselben Themata Arbeitenden die Aufgabe der allmählichen Klärung und definitiven Feststellung der Thatsachen. So besitzen diese Berichte einen bleibenden Werth für eine erste Orientirung. Und jene objective Haltung hat es mit sich gebracht, dafs solche Uebersichten selbst durch einen mehrmaligen Redactionswechsel hindurch ihren gesammten Charakter, ihre wissenschaftliche Brauchbarkeit und ihre Stellung in der Literatur behaupten konnten. Ihr Werth aber steigert sich selbstverständlich mit der Dauer durch eine gröfsere Reihe von Jahren, indem eine Serie solcher Berichte dadurch den Charakter eines Repertoriums gewinnt.

Seit dem Jahre 1862 habe ich versucht, alljährlich in ähnlicher Weise fortlaufende Referate über das Wissenswürdigste aus der gesammten mykologischen Literatur zu liefern; wobei ich es mir namentlich auch angelegen sein liefs, die neu erschienenen Abbildungen und die in verbreiteten käuflichen Herbarien ausgegebenen Pilzformen möglichst vollständig zu verzeichnen, da dieselben zum Verständnifs, wie insbesondere für das Bestimmen unbekannter Objecte jedem Pilzfreunde unentbehrlich sind. Diese mykologischen Berichte, in der botanischen Zeitung abgedruckt, haben, soweit ich bemerken kann, sich als zweckmäfsig erwiesen.

Bei der Bedeutung, welche die Arbeiten auf dem Gebiete der Pilzkunde in neuester Zeit auch in nichtbotanischen Kreisen gewonnen haben, namentlich für Landwirthe, Forstwirthe, Physiologen und Aerzte — wegen des Zusammenhanges gewisser weit verbreiteter Krankheiten mit Pilzaffectionen —, dann für Chemiker bezüglich der Gührungserscheinungen, halte ich es nun für zeitgemäfs, diese Referate von nun an selbstständig und in sich abgeschlossen zu veröffentlichen, und hoffe, durch ihre Haltung die Kenntnifsnahme der Leser zu befriedigen, ohne — soweit es möglich ist — ihrem Urtheile vorzugreifen. In dieser Form, welche dem Verf. eine freiere Bewegung und eine eingehendere Berücksichtigung auch anderer als der speciell botanischen Fachinteressen gestattet, mögen diese Berichte denn auch weiterhin versuchen, sich nützlich zu erweisen.

Giefsen, im April 1870.

H. Hoffmann.

E. Hallier, der kleinste Organismus und seine Wirkungen (Westermann's illustr. Monatshefte, Juli 1868, S. 373 ff.). Verfasser versucht in bekannter Weise zu zeigen, welche grofse Bedeutung der von ihm entdeckte *Micrococcus* (kleine Körnchen, von Anderen für Fetttröpfchen und dgl. angesehen, welche aus dem Zellinhalte auszutreten pflegen, sobald die Zellwand an irgend einer Stelle durch die Maceration in Wasser aufgelöst wird) für gährende oder faulende Materien, sowie in gesunden und kranken Tagen für lebende Organismen habe. Bezüglich des letzteren Punktes heifst es übrigens auf S. 379 mit Recht : der directe Beweis, dafs man durch den Micrococcus bestimmter Pilze bestimmte Krankheiten hervorrufen könne, ist noch zu führen.

Pasteur findet im Darmkanal der *Seidenraupen* und ihrer Puppen, welche an der von ihm mit dem Ausdrucke *morts flats* bezeichneten Krankheit zu Grunde gingen, kleine Ketten mikroskopischer Kügelchen, wie sie bei allen Gährungen vorkommen. Sie stehen vielleicht in einem ursächlichen Zusammenhange mit der betreffenden Krankheit (Compt. rend. LXVI, Juin 1868, p. 1289). Es scheint diefs dasselbe Gebilde zu sein, welches A. Béchamp kurz vorher (ib. S. 1160) unter gleichen Verhältnissen nachgewiesen und als *Microzyma Bombycis* bezeichnet hatte.

Marès folgte dem von Pasteur empfohlenen Verfahren, nur solche Eier von *Seidenraupen* zu züchten, bei welchen einige mikroskopisch untersuchte Proben die vollständige Abwesenheit der *Corpuscula* ergeben haben. Im Allgemeinen war der Erfolg sehr befriedigend, namentlich wenn man die Eier sehr früh (im März) zum Ausschlüpfen brachte. Verzögert man diesen Termin, so tritt indefs eine verhältnifsmäfsig immer gröfsere Menge kranker, corpusculöser Thiere auf, was mit der Zunahme der Temperatur in Zusammenhang zu stehen scheint (ib. S. 1292).

Valenti-Serini, Fr. dei Funghi sospetti velenosi del territorio senense (di Siena) XX, 36, p. 4 obl. a 2 col. con 56 tav. cromolitogr. Torino, L. 30. 1868.

E. Hallier, *parasitologische Untersuchungen* bezüglich auf die pflanzlichen Organismen bei Masern, Hungertyphus, Darmtyphus, Blattern, Kuhpocken, Schafpocken, Cholera nostras u. s. w. Mit 2 color. Tafeln, Leipzig 1868. 8., S. VI und 80. — fl. 1. 48 kr. Diese Arbeit bezweckt, gleich den zuletzt von dem Verfasser publicirten, den Nachweis 1) dafs die contagiösen und miasmatischen Krankheiten durch Micrococcus-Arten veranlafst werden; 2) dafs die Micrococcus-Formen in die Stufenreihe von Pilzen und Algen gehören. Dem Ref. scheint der Beweis für Beides nicht erbracht; auch dürfte es zunächst nützlich sein, die erste Frage ganz selbstständig und ohne alle Rücksicht auf die zweite zu behandeln, zumal da die hier entscheidenden Culturen bis jetzt sämmtlich keine überzeugenden Resultate geliefert haben, wenigstens nicht nach den vom Verf. beliebten Methoden. So bleibt derselbe bei seiner Ansicht, Penicillinm crustaceum sei eine Form (Morphe) des Mucor racemosus Fres.; ferner könne dasselbe auf Reis Cladosporium — ähnlich auftreten u. s. w. Neu ist, dafs die ganze Gruppe der Oscillarineen aus hefeartigen Morphen höherer Algen bestehen soll (S. 7). — Folgendes sind die zwei Hauptformen, welche man durch Cultur des Micrococcus erhält (Ib.) : 1) „Findet man ein *festes* Substrat,

worauf der betreffende Pilz gedeiht, so keimen die Micro-
coccus-Zellen zu *sehr feinen Fäden* aus, welche sich viel-
fach durch Anastomosen verbinden und verstärken und
bald Fruchthyphen treiben. Diese Filze kann man Myko-
thrix- (olim Leptothrix)-Filze nennen. Sie sind gewisser-
mafsen sehr zarte Sclerotium-Bildungen. 2) Ist das Substrat sehr nafs oder geradezu flüssig, so bilden die Myko-
thrix-Kettchen keine fructificirenden Filze, sondern jede
Micrococcus-Zelle *schwillt* unter dem Einflufs schwachen
Luftzutritts langsam an und keimt, nachdem sie ihren
Durchmesser um das 10- bis 20 fache vergröfsert hat.
Diese Keimzellen sind in Gestalt und Bedeutung den
Sporen ähnlich, und zwar den Akrosporen; ich nenne
sie daher Sporoïden.“ Die Leptothrix-Glieder selbst aber
entstehen nach dem Verf. durch Weiterentwickelung von
Micrococcus-Körnchen, so z. B. aus der Schafpocken-
Lymphe. Indefs ist zu beachten, dafs Derselbe (S. 10)
solche Leptothrix- oder Bacterien-Kettchen auch bereits
von Anfang an in der zur Untersuchung verwendeten (in
Glasröhrchen aufbewahrten) Lymphe vorfand.

Ein neues Penicillium : grande wird beschrieben (S. 14)
und abgebildet (Taf. 1, Fig. 30). Ebenda Fig. 40 wird
eine auffallend verästelte Form von Rhizopus nigricans dargestellt. — Nach des Verf. Ansicht geht aus seinen Culturen mit „absoluter Sicherheit“ hervor, dafs der in den
Schafpocken constant auftretende Micrococcus zu Pleospora herbarum Tul. gehöre (S. 18). Das Gift der Kuhpocken dagegen stamme von einem Micrococcus der Torula rufescens; dieser gelange in die Milch, und zwar schon
im Euter. Die Kuh steckt sich mit der Milch dann selbst
an (S. 34). — Beim Ileotyphus gelangt der Micrococcus
von Rhizopus in den Darm, um dort Zerstörungen anzu-
richten; beim Typhus exanthematicus dagegen wird der
Micrococcus des Rhizopus durch die Lungen aufgenommen
und ins Blut geführt. Beim Ileotyphus liegt dem Micrococcus von Penicillium, beim Hungertyphus dem von Rhi-

zopus das Geschäft der Zersetzung des Blutes ob (S. 46). — Daſs sich wirklich der Micrococcus aus Pilzsporen oder vegetabilischen Zellen entwickele, sei unbestreitbar; — ist auch nie bestritten worden, wohl aber, daſs sich daraus Pilze erziehen lassen. Hallier hält diese Körnchen eben für lebend, fortbildungsfähig und beweglich, ja sie besitzen nach ihm eine schwanzartige Wimper (S. 68). Sämmtliche vom Verf. mitgetheilte Culturen ermangeln des Beweises, daſs gleichzeitiger Import der Sporen von Penicillium, Mucor u. s. w. nicht stattgefunden hat, und nur diejenigen können für — zufällig — ganz reine angenommen werden, wo eben nichts von derartigen überall verbreiteten Schimmeln auftrat, vielmehr nur neue Massen von Micrococcus (so S. 42, Nr. 3; S. 36, Nr. 1), — offenbar durch den Zerfall des Substrates selbst. — Das Uebrige, von ähnlichem Charakter, bitte ich im Original nachzulesen, um oft Mitgetheiltes und Besprochenes nicht wiederholen zu müssen. Ein Hieb auf die „tendentiösen, unvollständigen und oft unrichtigen" mykologischen Berichte nebst Ausfüllen auf die „Zünftler" [nämlich de Bary und den Ref. *)] findet sich S. 28; Weiteres S. 54, 55, 68. Der Verf. rühmt sich dem gegenüber wiederholt seiner Anerkennung von anderer Seite. In der That, wenn der Erfolg etwas bewiese, so wäre die Micrococcus-Entdeckung und des Verf. Hefetheorie ein wahres Phänomen; man weiſs nicht, ob man mehr die Fruchtbarkeit des Verf., die buchhändlerische Ergiebigkeit seiner Arbeiten, oder die rasche Verbreitung der neuen Entdeckungen in alle möglichen Blätter von wissenschaftlichem oder unwissenschaftlichem Charakter bewundern soll. — Unkunde macht verwegen, Ueberlegung zaghaft (Thucydides).

---

*) Wie er dazu kommt, uns beide zusammen zu bringen, ist schwer zu sagen. de Bary ist (zu meinem Leidwesen) zur Zeit noch Anhänger der *specifischen* Gährungszellen, also der von mir vertheidigten Ansicht diametral entgegengesetzt (vgl. dess. Morphol. 1866 und Bot. Ztg., 1869, S. 305).

Auch der Beigel'sche Chignon-Pilz wird (als Sclerotium Beigelianum) besprochen und abgebildet (S. 75, t. II, F. 24 und 26). Es gehört dasselbe in den Formenkreis von Penicillium und Aspergillus und konnte aus diesen auf normalen Haaren künstlich gezogen werden. Im Protokoll der botanischen Section der Naturforscher-Versammlung in Petersburg vom Januar 1868 ist Folgendes zu lesen. Von Merklin, Professor an der medicinischen Academie, erwähnt die Broschüre „das Cholera-Contagium, botanische Untersuchungen von E. Hallier", welche auf die Anfrage von verschiedenen Anwesenden für gänzlich haltlos erklärt wird. Strafsburger, damals Docent an der Warschauer Hauptschule, hat selbst die Excremente Cholerakranker untersucht, ist aber zu ganz entgegengesetzten Resultaten wie Hallier gelangt (Regel's Gartenflora, Juli 1868, S. 222). Vgl. auch Bot. Ztg. 1868, S. 414.

F. A. Forel schildert eine *Epizootie*, woran zahlreiche *Fische* (Perca) im Genfersee zu Grunde gingen. Bei einigen derselben fanden sich auf der Oberfläche Anflüge von Pilzalgen, indefs ist der Verf. geneigt, die eigentliche Veranlassung der tödlichen Krankheit in dem Auftreten von Bacterien und Vibrionen im Blute zu finden (Bullet. soc. vaud. sc. nat., Lausanne 1868, IX, p. 609).

Th. Hartig's Ansicht über *Pilzerzeugung*, besprochen von E. Hallier. Der Verf. sagt : „Die Frage nach dem Ursprung der Hefe ist mittlerweile vollständig und endgültig gelöst (nämlich von ihm selbst). Soll man der Hartig'schen Ansicht folgen, so mufs man annehmen, dafs der Micrococcus (im Typhusblute u. s. w.) aus den zerfallenden Blutkörperchen hervorgeht, und zwar ginge bei jeder anderen Infectionskrankheit aus dem Blute der Micrococcus eines anderen Pilzes hervor. Die Blutkörperchen zerfallen aber gar nicht." (Landwirthsch. Versuchsstationen von F. Nobbe, X, 3, 1868, S. 258.)

F. Hildebrand, mykologische Beiträge (Pringsh. Jahrb. f. wiss. Bot. VI, S. 249). I. Ueber einige neue *Saprolegnieen*. 1) *Achlya racemosa* (T. XV). Mit traubigem Fruchtstand. Auf einem im Wasser schwimmenden holzigen Pflanzenstengel. Aus keulig geschwollenen Aesten (Zoosporangien) tritt ein kugelförmiges Agglomerat von kugeligen Zellchen hervor, deren jede eine Zoospore ausschlüpfen läfst, welche eine nach vorn und eine nach hinten gerichtete Wimper haben. Nach einiger Zeit kommen dieselben zur Ruhe, nehmen Kugelform an und keimen. Die Oosporangien wachsen auf besonderen Exemplaren. Löcher wurden in der Wand derselben nicht beobachtet; vielmehr bohren sich die zwei Antheridien mit je einem Schnabel durch die Wand selbstständig ein. — 2) *A. lignicola* (T. XVI, f. 1—6). Mit voriger zusammen. Zoosporangien und Oogonien an derselben Pflanze. Bezüglich der Befruchtung, welche mit der vorhin angedeuteten identisch ist, ist bemerkenswerth, dafs bisweilen aus einem Antheridium zwei Schläuche in das Oogonium treiben, deren jeder zu einer anderen Befruchtungskugel geht. Die Granulationen, welche aus dem Antheridium übertreten, haben keine selbstständige, sondern nur moleculare Bewegung. — Ob die genannten Species mit der Saprolegnia xylophila Kützing's synonym sind, ist zweifelhaft. — 3) *A. polyandra* (T. XVI, f. 7—11). Auf Fliegen im Wasser. Antheridien meist zahlreich, auf verzweigten Aesten. Hildebrand macht darauf aufmerksam, dafs bei allen bis jetzt beobachteten diöcischen Saprolegnieen nur durchlöcherte Oogonien vorkommen; bei monöcischen nur zum Theil. — 4) *Leptomitus brachynema* (T. XVI, f. 13—23). Zusammen mit Nr. 1 und 2. Aehnlich dem lacteus; Zoosporangien kugelig, klein. Die (6) Zoosporen treten aus einer schief aufgesetzten Papille hervor, nachdem sie sich bereits im Inneren — anders als bei Pythium — fertig ausgebildet hatten. — Am Schlusse eine Zusammenstellung der wichtigsten Formverhältnisse mit Bezug auf die Systematik der

Saprolegnieen. — II. Ueber zwei neue *Syzygites*-Formen.
1) *S. ampelinus* (T. XVII, f. 1—7). Aus einem Rasen
von Fusisporium (Vitis) auf Rebenholz, im April gefunden,
dessen Sporen nebst Keimung beschrieben werden, sah
der Verf. einen Mucor (Vitis) entstehen. Bei der Aussaat
der Sporen desselben auf Kürbisfleisch entstand dieselbe
Form von Neuem, begleitet von einer Sporenbildung durch
Syzygie, aufserdem Gliedersporen oder Conidien. Bei der
Aussaat auf Schwarzbrot veränderte der Mucor in etwas
seinen Habitus und brachte schwarze Sporangien, während
die ursprünglichen eine gelbliche Fleischfarbe hatten.
[Aus Schwarzbrot entsteht indefs auch ohne Einsaat Mucor.
Ref.] Die Syzygites-Spore ist granulös, sie entsteht durch
Copulation zweier verschiedener Aeste, zum Unterschiede
von S. megalocarpus. Die Farbe ist dunkelbraun. Auch
die Innenhaut der Sporangie ist anders, als bei meg., nämlich ganz glatt. Ihre Träger schwellen nicht an, wie diefs
bei einem derselben bei Rhizopus nigricans der Fall ist.
Azygosporen wurden nicht bemerkt. Es gelang nicht, die
Syzygites-Sporen zur Keimung zu bringen. — 2) *Syz.
echinocarpus* (T. XVII, f. 8—20). Zwischen voriger Pflanze
auf dem Kürbis trat Arthrobotrys oligospora Fres. auf;
Aussaat auf Schwarzbrot. Keimung; bald darauf Auftreten
vom Mucor. Bei sehr nasser Beschaffenheit wurde die
Masse schleimig, es trat ein Syzyg. auf mit stacheligen
Sporen von brauner Farbe. Verf. äufsert sich, wie im
vorigen Falle, mit Vorsicht über die Wahrscheinlichkeit
der Zusammengehörigkeit dieser Pilze, da die Cultur keine
absolut reine war. Die Copulationsäste entspringen bald
von zangenartigen Zweigen eines und desselben Astes,
bald von zwei verschiedenen, am häufigsten aus zwei kleinen Seitenzweigen, welche direct aus dem Hauptstamme
hervorgehen. Bisweilen treiben die Copulationsäste noch
anderweitige, sterile Zweige; sie sind beide von gleicher
Gröfse. Azygosporen wurden nicht mit Sicherheit aufgefunden. Unterschied dieser Copulation von jener der

Zygnemaceen : kein einfaches Zusammenfliefsen des Inhalts, sondern Vereinigung des Inhalts zweier gleichwerthiger Zellen, darauf erst mittelbar, fast wie bei Phanerogamen, die Entwickelung und Ausbildung einer Spore. Die zweite Sporenhaut ist auch hier ganz glatt, bei S. inegal. mit Höckern versehen. Keimung nicht beobachtet.

del Castillo (in Mexico), ferncre Berichtigung über die *Thierpflanze* und Beschreibung eines neuen Insectes, mitgetheilt von Burkart (Wiegm. Archiv für Naturgesch. 32, H. 4, 1866, S. 368, mit Abb. t. 8). Verf. fand auf einer Cicade unfruchtbare Pilze, welche er für Sphaeria sobolifera hält. Eine mikroskopische Analyse des Pilzes und des ihm anhaftenden Staubes ist nicht gegeben. Der Körper ist mit zarten Fäden bedeckt, aus dem Hinterleibe gehen etwa 6 Zöpfe hervor, über doppelt so lang, als das Insect selbst.

Fr. Mosler fütterte mehrere Kaninchen und einen Hund mit gröfseren Quantitäten von *Mucor stolonifer* und mit *Penicillium glaucum*, beide auf Brot gezüchtet; die Pilze wurden ohne Substrat verwendet. Es erfolgte keine Erkrankung in sämmtlichen Fällen. (Erfahrungen über die Behandlung des Typhus exanthematicus. Greifswald 1868, S. 45).

G. Pennetier, l'origine de la vie. Paris 1868 (fl. 1. 55 kr.). S. XVII und 305. klein 8. Mit zahlreichen Abbildungen im Texte. Deuxième édition.

Reichthum an Phantasie, Armuth an Kritik und Beobachtungsgabe sind das Characteristische dieser Schrift. Während es dem Verf. ganz leicht ist, die Generatio spontanea eines Infusorien-Eies unter dem Mikroskope mit anzusehen, ist es ihm nicht möglich, die zahlreichen Pilzsporen nachzuweisen, welche in der Luft wie überall verbreitet sind. Im Uebrigen herrscht die Phrase. Trotzdem ist das Buch psychologisch interessant oder wenigstens amüsant; es versetzt uns lebhaft in jenes rührige bunte Treiben der Franzosen, in ihre hitzigen Zänkereien und ihre höflichen Formen. Der Verf. ist ein warmer Anhänger Pouchet's, der auch die Einleitung zu dieser Schrift verfaßt hat. „Um Thatsachen umzustoßen, welche deutlich jedes Theilchen unserer Erdkugel predigt, welche soviele, soviele geniale Männer bezeugen, — was sollen da gewisse Experimente, in denen man einige Grammen Flüssigkeit in hermetisch geschlossenen Gefäßen abquält? Absolut nichts, wie man seit hundert Jahren von allen Seiten Herrn Pasteur und seinen Vorgängern zuruft." Pouchet.

Im Wesentlichen dreht sich (abgesehen von unbrauchbaren Beobachtungen wie die obige, oder die von der außerordentlichen Seltenheit organischer Keime —Sporen— in der Luft *), die für Stärkemehl und Kieselpartikelchen erklärt werden), die ganze Discussion um den bereits gerade vor hundert Jahren (1768) von Needham erhobenen Einwand : Wenn man nur *kurze* Zeit eine putrescibele Flüssigkeit kocht, so entstehen bald Protorganismen in großer Zahl; diese sind nach den Heterogenisten neu und spontan entstanden, nach den Homöogenisten aber die Descendenten von nicht getödeten Aeltern; — kocht man dagegen *lange* Zeit, so entstehen keine, und dieß ist nach den Homöogenisten (Ovisten) die Folge der *factischen* Tödung der Aeltern, nach den Heterogenisten aber die Folge davon, daß diesmal die organische Substanz in einen zersetzungsunfähigen Zustand versetzt wurde (die Zersetzung soll nämlich die Ursache, nicht die Folge des Auftretens von Hefezellen, Bacterien, Infusorien u. s. w. sein). Hiergegen ist zu bemerken, daß 1) dieser zersetzungsunfähige Zustand niemals nachgewiesen ist, sondern nur in der Fiction existirt und auf einem Zirkelschluß beruht; 2) daß wir keine hierher gehörige Zersetzung kennen *ohne* solche Organis-

---

*) „Joly setzte in seinem Laboratorium Glasplatten, mit Glycerin überzogen, der freien Luft aus; als er dieselben nach 2 Monaten mittelst des Mikroskops untersuchte, fand er weder ein Infusorien-Ei, noch irgend eine Schimmelspore." S. 186.

men, 3) daſs wir durch (absichtlichen) Zusatz dieser Organismen dieselben Formen der Zersetzung künstlich hervorrufen können, während diese ausbleiben, wenn wir jene Organismen auf *irgend* eine Weise (z. B. durch Chloroformdämpfe) töden; so daſs nach den gewöhnlichen Gesetzen der Logik nichts übrig bleibt, als die Organismen für die Ursache, nicht für die Folge des Phänomens zu erklären.

S. 27 heiſst es, als Beispiel der Zellenvermehrung. „Ein Pilz, den die Gelehrten wegen seiner Form Cranium genannt haben"; hiermit ist Bovista gigantea gemeint. Das Buch enthält nach einer Introduction folgende Abschnitte: Historique de la génération spontanée. S. 50: Consequenz und zunehmende Zahl der Heterogenisten, die einer den andern stützen, während die Gegner unter ihren Schlägen erliegen, um dann einer nach dem andern vom Kampfplatze zu verschwinden. — S. 61 giebt eine Scene aus der Disputation zwischen P a s t e u r und den Heterogenisten. „Sehen Sie hier, sagt P a s t e u r, eine Anzahl Kolben (mit fermentescibeler Flüssigkeit und Luft), die ich vor vier Jahren zugerichtet habe und deren Inhalt seitdem unverändert geblieben ist. Ich habe dieselben vom Montanvert mitgebracht." J o l y unterbricht ihn : „Wieviel solche Kolben haben Sie denn auf den Montanvert mitgenommen, daſs Sie bei dem seit lange wiederholten Oeffnen deren immer noch vorräthig haben," worauf P a s t e u r : „zwei Maulthier-Ladungen, mein Herr!" Die Conferenz ist bekanntlich ohne Resultat geblieben, was der Verf. einem Rückzug der ácademischen Commission zuschreibt, die nur so vor ihrer völligen Niederlage sich habe retten können. Näheres bei V i c t o r M e u n i e r, la science et les savants en 1864, éd. 1865. — Die Heterogenisten hielten sich jedenfalls nicht für geschlagen. Der eine von ihnen erhält einen Brief von ausgezeichneter Hand, worin es bezüglich einer angekündigten Vorlesung von J o l y über diesen Gegenstand heiſst : La leçon que M. J o l y sera demain sera pour vous tous un triomphe. Il n'y a pas, fut-ce au bout de l'Asie, un esprit sain et droit qui ne doive s'intéresser à votre oeuvre autant que vos compatriotes de Rouen et de Toulouse (Wohnorte von Pouchet, von Joly und Musset). Il s'agit de la liberté de conscience pour tout le genre humain. Das steht geschrieben auf S. 63 unseres Opus. Jedenfalls können danach die französischen Gelehrten nicht über Mangel an Theilnahme klagen. — Eine Auzahl angeblich neuer Pilze, die zum Theil erst von den Heterogenisten durch besondere Compositionen und Infusionen in die Welt gesetzt worden sind, werden abgebildet, ohne Diagnosen und in einer für Leute vom Fach unbrauchbaren Weise. So Aspergillus fungoides Pouchet (29), welches ein Mucor zu sein scheint; ebenda — ganz verfehlt — Penicillium glaucum; 33 Asp. polymorphus Pouch.; Asp. primigenius Pouch. 34 und 183; Asp. Pouchetii Mont. (182). — Rascher und wiederholter Bekenntnißwechsel des Herrn A. Donné (73). Versuche von Onimus mit seröser Flüssigkeit aus einer Vesicatorblase, welche in ein ausgekochtes Säckchen von Goldschlägerhaut gebracht und unter die Haut eines lebenden Thieres geschoben wurde; nach einigen Stunden hatten sich weiße Blutkörperchen durch Generatio spontanea entwickelt. — Conditions de la genèse spontanée (80). „Cercaria major entsteht constant Morgens um 10 Uhr, Cercaria ephemera gegen Mittag (nach Beobachtungen von Nitzsch und Boudin). Noch merkwürdiger ist, daß Alles bis in die kleinsten Details der Form des Gefäßes Einfluß hat auf die Natur der auftretenden Wesen. Nach den Versuchen von Pouchet (deren mehrere mitgetheilt werden, 189) ist die zoologische Bevölkerung verschieden in ungleich gestalteten Gläsern." Es bezieht sich dieser Unterschied auf die Größe der Oberfläche; daß damit eine ganz ungleiche Sauerstoffzufuhr gesetzt ist, scheint ganz übersehen worden zu sein. Ein Vogel macht aber bekanntlich andere Ansprüche an die Luft, als ein Frosch oder gar ein Fisch. — Mantegazza sah mit an (S. 104), wie zerfallende organische Substanz sich in Bacterien verwandelte. Sechszehn Stunden safs er am Mikroskope, ohne den Platz zu verlassen; zuletzt trübt sich das Gesicht, die Augen schmerzen und thränen . . je dns me lever, brisé do fatigue, mais enchanté d'avoir surpris la vie à son berceau. — Formation et développement de l'ocuf spontané. — Ce qu'il n'y a pas dans l'air. — Les prétendus incombustibles (137). Revivescenz-Erscheinungen ; sehr beschränkt nach den Versuchen von Pouchet. Ueber Anguillula nach Needham und den Späteren; Tardigraden und Rotiferen (Spallanzani, 1776) ertragen Schwankung von — 17° C. bis + 78° C. im trockenen Zustande (Pouchet). 100° wird nur von Rotiferen theilweise ertragen (152); Infusorien mit Cilien sterben schon bei 50—70°; ebenso die encystirten Colpoden (179). — 182 : Beweise für die Heterogenie : in offenen Gefäfsen ausgeführte Versuche. Pouchet schreibt mit Galläpfelflüssigkeit die Worte generatio spontanea auf eine Platte von frischem Kleister; nach vier Tagen sind alle Schriftzüge mit einem Wald dieses schwarzköpfigen neuen Pilzes bedeckt! Nichts davon auf dem Kleister, die Galläpfelflüssigkeit war durch Maceration von gepulverten Galläpfeln in Wasser erhalten, filtrirt, und bei mikroskopischer Untersuchung für frei von Organismen befunden worden. (Hier darf man wohl mit Lamarck sagen : Dans les petites choses on finit par voir ce que l'on veut voir; aber auch umgekehrt gültig.) S. 203 : Versuche in verschlossenen Gefäfsen. Wiederholung der Pasteur'schen Versuche, und zwar mit entgegengesetztem Resultate, da entweder zu kurze Zeit gekocht wurde, oder andere Fehlerquellen nicht vermieden wurden. Es ist richtig, dafs Pasteur selbst die Zeit, während welcher man erhitzen mufs, für hefeartige Pilzorganismen zu kurz angiebt. — S. 244 : Entstehung der Hefe, und zwar durch generatio spontanea. Das Sprossen derselben sei nur scheinbar, beruhe auf Zusammenkleben einzelner Zellen. Auskeimen der Hefezellen zu Mycelfäden, woraus sich

weiterhin Penicillium, Aspergillus u. s. w. entwickelt. —
S. 257 : Letzte Zuflucht der Panspermisten : Pouchet,
Joly und Musset bestiegen die Maladetta in den spani-
schen Pyrenäen, 1000 Meter höher als der von Pasteur
erstiegene Montanvert auf dem Montblanc, und liefsen dort
Luft eintreten in Kolben mit Luft und früher gekochter
organischer Flüssigkeit. Diese Luft zeigte sich aber keines-
wegs unproductiv im Pasteur'schen Sinne; in allen 8 Gefäfsen entstanden Organismen (S. 262). — S. 266 : Wand-
lungen der Materie. Nach Saint-Simon müsse der
Begriff der Lebenskraft aus der Physiologie verbannt werden, wie längst mit der Astrologie von den Astronomen,
mit der Alchymie von den Chemikern geschehen. „Sobald
der Sprechende anfängt, sich selbst nicht mehr zu verstehen,
und die Zuhörer ihn ganz und gar nicht mehr verstehen,
fängt die Metaphysik an", sagt Voltaire. Die Lösung
aller Räthsel wird endlich auf S. 272 gegeben : Die Generatio spontanea ist der Uranfang des Lebens. — Bei dieser
Gelegenheit wird auch eine Lanze für Darwin gebrochen,
und ein-hübscher Ausspruch Huxley's gegenüber dem
Bischof von Oxford erwähnt : „Wenn ich meine Vorfahren
zu wählen hätte zwischen einem vervollkommnungsfähigen
Affen und einem Menschen, der seinen Verstand anwendet,
um sich über die Erforschung der Wahrheit lustig zu
machen, so würde ich den Affen vorziehen." S. 280 :
Schlufsbetrachtungen. Als Anhang ein historisch geord-
netes Verzeichnifs der Schriften, welche sich mit diesen
Gegenständen beschäftigt haben, und welches auch bezüglich der deutschen Arbeiten ziemlich vollständig ist.

Rapport sur la Conservation des vins, extrait. Adressé
à S. Exc. l'Amiral ministre de la Marine et des Colonies,
par M. de Lapparent, Directeur des Constructions na-
vales. (Ann. Chim. Phys. XV, 1868, p. 107, und Compt.
rend. Sept. 1868, 580.) Das Verfahren Pasteur's zur
Conservation des Weines gegen verschiedenartige Krankheiten durch Pilzbildungen und Verwandtes durch kurze

Erwärmung hat sich bewährt, selbst bei monatelangem
Seetransport. Für ordinäre Weine wird als obere Wärme-
grenze 55—60° C. empfohlen, für feinere 52°. Keine Spur
Alkohol geht dabei verloren (p. 113). Ueber Reinigung
der Fässer, Wärmapparat im Grofsen u. s. w.

A. Trécul, Observations sur la *levure* de bière, sur
le *Mycoderma* Cerevisiae et sur la levure de *Mucor*. (3ª
partie.) Compt. rend. 1868, LXVII, Juli p. 137. 212. Aug.
p. 362. Das Mycoderma Cerevisiae stamme nicht aus der
Luft, es könne in Hefe übergehen; ihm gehe die Bildung
kleiner Granulationen und Cylinderchen (Bacterien, Leptothrix) in der Biermaische voraus; zu seiner Weiterentwickelung in Hefe sei die Anwesenheit von Kohlensäure,
etwas Weingeist und ein gewisser Druck erforderlich. —
Der *Kork* enthalte — an gesunden und kranken Stellen —
stets hier und da allerlei Mycelium, was seine Anwendung
zum Verschlusse von Versuchsgefäfsen bedenklich mache,
da das Auskochen in Wasser zur Tödung nicht ausreiche,
im Gegentheil die Vegetation dieser Pilze belebe und
ihnen eine sonst nicht vorhandene Kraft des Wachsthums
mittheile! Auch aus zerrissenen Zellfäden dieser Art können nach dem Verf. neue Zellen entstehen, indem das vorher contrahirte Plasma aus der Wunde hervorquelle und
sich hier zu einer selbstständigen Zelle abgliedere. Auf
diese und ähnliche Weisen sollen dann u. a. auch Hefezellen daraus entstehen. — Verf. sah eine einzige Zelle
von Mucor-Hefe nach und nach 8 Tochter-Zellen an ihrer
Oberfläche treiben. Mycoderma cerevisiae (Turpin),
Torula und Penicillium glaucum v. Cerevisiae gehören
nach den Culturversuchen des Verf. zusammen zu einer
und derselben Species (214). Auch aus den Sporen des
Penicillium glaucum konnte er Hefe züchten und Gährung
hervorrufen (216), vorausgesetzt, dafs die Luft keinen Zu-
tritt hatte.

A. Pouchet, sur la germination des *levures*, des
fermentations, et sur les végétaux qu'elles produisent.

(Compt. rend. LXVII. Aug. 1868, p. 376.) Die Hefe des Aepfelsaftes entstehe spontan und bilde im geeigneten Falle sich weiterhin aus zu Penicillium, Aspergillus, Ascophora. Auch Humboldt, „qu'on trouve toujours marchant en avant de son siècle," sowie Kützing und Schaaffhausen hatten die spontane Generation der Hefe angenommen. Das Sprossen der Hefe sei nur scheinbar und beruhe auf falscher Beobachtung (cf. ib. Nr. 10. p. 550—552).

Lemaire sucht zu beweisen, dafs Typhus, Cholera u. s. w. parasitäre Krankheiten seien, und schildert einen Fall von letzterer Krankheit, wo in den Faeces und im Schweifse grofse Mengen von Bacterien, Vibrionen, Spirillum volutans, Monaden und Cercomonas crassicauda gefunden wurden, welche mit zunehmender Genesung wieder verschwanden. (Compt. rend. LXVII. Sept. 1868. p. 653.) Weiterhin (740) setzt er auseinander, dafs die Fermentations-Organismen auch bei der Keimung, der Wurzelabsorption, ja bei dem Aufsteigen des Saftes in dem Pflanzenkörper wesentlich betheiligt seien. Auch an die Bedeutung der Blutkörperchen im Blute des Menschen wird dabei — als analoger Organismen — gedacht, und leise angedeutet, dafs wir hier dem wahren Geheimnifs des Lebens, der Seele, die als solche keine Existenz habe, auf der Spur seien (741).

G. P. Vlacovich, sui corpuscoli oscillanti del bombice del Gelso. (Atti del Istituto veneto. XI. 8, 1865—66. p. 1053—1074; X. p. 1189 ff., XII. p. 139, 269). Vorkommen auch bei Coluber und Gryllus; chemische Reactionen. Es sind organisirte Gebilde und gehören wohl in das Pflanzenreich (1233). Sicherlich beruhe nicht die ganze Krankheit auf diesem bösen Gaste; auch aus fehlerfreien Eiern können kranke Raupen hervorgehen (296).

M. J. Berkeley and M. A. Curtis, Fungi cubenses: Hymenomycetes. (Journ. Linn. Soc. 1868. X. 45. p. 280; 46. p. 305). Sie sind am häufigsten im December, Januar und

Mai, am seltensten im April und September. Interessante Formen von Craterellus und Laschia. Viel sind weiter verbreitet, auch europäisch. So Agaric. clypeolarius : Cuba. Neuseeland, Union, Europa. Ag. Coll. stipitarius Bull. : Venezuela, Pennsylvania, Europa. Ag. Myc. acicula Schäff. : Obercarolina, Europa. Ag. Omph. Campanella Batsch. : Jalapa, Amazonenstrom, Union, Europa. Ag. Fibula Bull. : Australien (Swan River), Union, Europa. Ag. bombycinus Schäff. : Valparaiso, Union, Europa. Ag. sapineus Fr. (Flammula) : Simla, Venezuela, Neuseeland, Südcarolina, Europa. Ag. (Panaeol.) campanulatus Fr. : Ceylon, Union, Europa. Nyctalis asterophora Fr. auf Agaricus : Neuengland, Europa. Marasm. Rotula Fr. : Union, Europa. Schizophyllum commune Fr. : kosmopolitisch. Polyporus Schweinitzii Fr.: Himalaya, Südcarolina, Europa. Polyporus adustus Fr.: Sikkim, Neuseeland, Union, Britisch Nordamerika bis 54°, Europa. Polyporus nigricans, pinicola, annosus; hirsutus : Hindostan, Australien, Neuseeland, Fidschi Inseln, Borneo, Centralamerika, Union, Europa; versicolor : kosmopolitisch; velutinus : Philippinen, Neuseeland, Europa. vulgaris Fr. (Resup.) : Mauritius, Union, Britisch Amerika, Europa; vaporarius. Fistulina hepatica : Sikkim, Pennsylvanien, Europa. Thelephora umbrina Fr. Stereum hirsutum Fr., fast überall (p. 332). Auricularia lobata Fr. Clavaria pyxidata, inaequalis; Typhula muscicola; Pistillaria quisquiliaris, pusilla ; Hirneola auricula Judae : Tasmania, Port Famine, Brasilien, Amazonas, Borneo, Mexico, Union, Europa. Zahlreiche neue Species.

M. J. B e r k e l e y, on a collection of Fungi from *Cuba*. Part 2; including those belonging to the families Gasteromycetes, Coniomycetes, Hyphomycetes, Physomycetes and Ascomycetes. (Journ. Linn. Soc. X. No. 46, 1868. p. 341.) Davon nur in Cuba 55 pCt., gemeinsam mit der Union und Europa 13 pCt., gemein mit der Union ohne Europa nur 5 pCt. Alle bis jetzt bekannten Cubapilze zusammengerechnet, so sind darunter 19 pCt. auch in Europa, 48 pCt. in Tasmania, 34 Neuseeland, 5 Philippinen, 33 Java. — Erwähnt mögen werden : Dictyophora speciosa und phalloidea; Clathrus cancellatus : Hindostan, Khasia, Ceylon, Algier, Europa. Laternea triscapa, pusilla. Geaster fimbriatus : Australien, Tasmanien, Neuseeland, Untercarolina, Europa. Lycoperdon pyriforme Schäff., sehr verbreitet (344); caelatum. Lycogala epidendrum : Hindostan, Ceylon, Neuguinea, Veraquaz, Untercarolina, Saskatschawan, Europa. Aethalium septicum : Neusecland, Venezuela, Union, Europa. Didymium costatum, farinaceum, cinereum. Craterium leucocephalum (var. ?). Diachea elegans. Stemonitis fusca, ferruginea; typhoides : Java, Neuseeland, Untercarolina, Algier, Europa. Arcyria cinerea, nutans. Trichia sp. (350). Acrospermum compressum. Puccinia graminis : Neuseeland, Union, Plata, Europa. Uromyces appendiculata : Californien, Union, Europa. Cystopus cubicus. Kein europäisches Aecidium. Graphiola Phönicis : Bombay, Ceylon, Surinam, Texas, Europa. — Hyphomycetes : Ceratium hydnoides, aureum. Sporocybe byssoides. Dematium gramineum P. Cladosporium herbarum Lk. Aspergillus candidus Lk. Keine europäische Peronospora. — Physomycetes. Ascomycetes : Morchella esculenta; δ conica : Kaschmir, Australien, Tasmania, Mexico, Union, Europa. Peziza repanda; hirta Schum. : Ceylon, Europa. P. melastoma Sow., corticalis P., vulgaris Fr. Helotium aeruginosum Fr. : Australien, Niedercarolina, Europa. Cordiceps Sphingum B. C. Union, Europa; militaris : Obercarolina, Europa. Nectria coccinea Fr. und sanguinea Fr. Xylaria polymorpha Grev., äufserst verbreitet (379); digitata; Hypoxylon : kosmopolitisch. Poronia Oedipus Mont. Hypoxylon ustulatum Bull., concentricum, coccineum. Gibbera pulicaris Fr. Dothidea Graminis Fr. : Dekkan, Uitenhage, Ceylon, Union, arctisches Amerika, Europa. Eurotium herbariorum Lk. on dead leaves. (Forts. folgt.)

Schneider, Vortrag über Hallier's Cholerapilz und dessen Entwickelung. (25. Jahresber. schles. Ges. f.

v. Cult. ed. 1868, S. 114—125). Ab S. 119 ein Referat von Cohn über denselben Gegenstand., Dieses schliefst mit den Worten : „Wenn nach Schönlein jede neue grofse medicinische Entdeckung sich höchstens vier Jahre erhält, so möchten wir dem Hallier'schen Cholerapilz kaum eine Lebensdauer von ebensoviel Monaten prognosticiren.“ Dagegen bemerkt derselbe mit Rücksicht auf Klob's Beobachtungen, dafs er auffallende Mengen von *Bacterien* im Wasser von solchen Brunnen während einer Choleraepidemie gefunden habe, welche als Choleraheerde verdächtig waren (S. 81); und zwar theils im beweglichen Zustande, theils als gallertige Massen zusammengehäuft.

Cohn beschreibt auch (S. 80) einen *Apparat, um Schimmelsporen* und dergleichen keimen zu lassen und zu züchten bei einer *höheren*, künstlich erzeugten *Temperatur*, und zwar unter Ermöglichung einer fortgesetzten Beobachtung unter dem Mikroskope. Derselbe ist eine Modification der von Kühne angegebenen „feuchten Kammer“.

Im Ausland (1868, Nr. 35) findet sich ein populär geschriebener Aufsatz über die *Fortpflanzung der Pilze.* Abgebildet sind die Basidien des Fliegenpilzes, Sporenschläuche von Peziza confluens; Oidium Tuckeri, Peronospora densa, Kartoffelpilz mit zweierlei Sporen (Fusisporium), Aspergillus, Achlya, Mucor, Syzygites, Puccinia Graminis nebst Aecidium-Sporen, Sphacelia mit Claviceps und Sclerotium.

Ebenso befindet sich ein Aufsatz über die *geschlechtliche Fortpflanzung der Pilze* in dem „Naturforscher“ 1868, Nr. 31—34. Es geben uns dergleichen Darstellungen einen Mafsstab dafür, wie diese Kenntnisse allmälig in weitere Kreise eindringen.

Bail, Pilzepidemie an der Forleule. (Zeitschr. f. Forst- und Jagdwesen von Danckelmann. Bd. I, Heft 2, 1868).

Herbst's Anwendung von Petroleum gegen den Hausschwamm; vgl. Annalen der Landwirthschaft in Preufsen. Wochenblatt 1868, S. 410.

A. Mayer, Untersuchungen über die alkoholische
Gährung, den Stoffbedarf und den Stoffwechsel der *Hefepflanze*, Heidelberg 1869, S. IV und 81. 8., nebst 7 litho-
graph. Tafeln, worauf die Gährungs-Intensitäten unter verschiedenen Umständen mittelst Curven in leicht übersicht-
licher Form dargestellt sind.

In mykologischer Beziehung ist die Arbeit ziemlich
unergiebig, da die vom Verf. sehr scharf unterschiedenen
Organismen, wie Mycoderma vini, aceti (letztere zum Theil
abweichend von der Pasteur'schen Form dieses Namens)
u. s. w. botanisch nicht zu identificiren sind, da keine Abbildungen gegeben werden. Offenbar ist der Eigenthümlichkeit dieser Formen eine übertriebene specifische Bedeutung beigelegt, während dieselben doch ohne Zweifel in
der Hauptsache nur das Resultat der jedesmal obwaltenden
Verhältnisse sind. Einen Mafsstab zur Beurtheilung giebt,
dafs der Verf. die moleculare Bewegung von einer vitalen
nicht zu unterscheiden vermag (S. 80).

Dagegen sind die chemischen und physiologischen Er-
gebnisse dieser sorgfältigen Untersuchung von Wichtigkeit
und bezeichnen einen entschiedenen Fortschritt.

1) Aschenbestandtheile.

Durch Zusatz oder Ausschliefsung der einen oder
anderen Substanz bei seinen comparativen Versuchen kam
der Verf. zu folgendem Resultate. (Die Aschenbestandtheile
wurden im Wesentlichen nach dem Resultat der betreffenden Analyse von Mitscherlich ausgewählt, welche für
die Hefe ergeben hat : Phosphorsäure 56,7 pCt., Kali 34,0,
Magnesia 7,1, Kalk 2,6.) Die Gährungsintensität wurde
nach dem Kohlensäureverlust durch das Gewicht bestimmt;
die Alkoholbestimmung ist unsicher, weil auch bei gut ge-
leiteter Gährung 10 pCt. weniger Alkohol erhalten wurde,
als die Pasteur'sche Gleichung verlangt, indem derselbe
zum Theil durch Mycoderma vini zersetzt wird. Dieses
aber wird durch Luftzutritt begünstigt. (Ist demnach offenbar ein Anfang der Mycelbildung der Hefe, wie aus den

2 *

Untersuchungen des Ref. sich ergiebt.) Der vom Verf. angewendete Gährapparat (S. 9) läfst nämlich die Luft durch Diffusion eintreten (S. 47, Note), ein Vorwurf, welcher den vom Ref. benutzten Apparat nicht trifft (Bot. Ztg., 1865, S. 348, Fig. B).

Das phosphorsaure Kali (Monophosphat) steht von den angewandten Aschenbestandtheilen zum Chemismus der Zerlegung des Zuckers in Alkohol, Kohlensäure und einige andere Körper allein in einer innigen Beziehung. Die Wirkung dieses Salzes konnte nicht durch phosphorsaures Natron oder phosphorsaures Ammoniak ersetzt werden. Eine sehr unbedeutende Wirkung auf diese Zersetzung kann aufserdem nur noch dem phosphorsauren Kalk und salpetersauren Kali zugeschrieben werden. Zur vollständigen Ernährung der Hefepflanze sind jedoch jedenfalls noch andere Mineralstoffe erforderlich, als phosphorsaures Kali. Wird einer Gährflüssigkeit, die Zucker und Ammoniaksalze in geeigneten Verhältnissen enthält, kein weiterer mineralischer Bestandtheil als phosphorsaures Kali zugesetzt, so tritt zwar eine ziemlich intensive Gährung ein, aber die Hefezellen werden nach einer gewissen Reihe von Generationen so klein und unvollkommen, dafs sie nun nicht mehr zu einer kräftigen Gährung geeignet sind, obgleich ihnen dieselben Bestandtheile wie vorher zur Verfügung stehen. — Es giebt nun aber mineralische Bestandtheile, welche diese Degeneration der Hefezellen zu verhüten vermögen, also als Nahrungsstoffe der Hefepflanze zu betrachten sind. Solche Aschenbestandtheile, obgleich ihnen kein unmittelbarer Antheil an dem Chemismus der Zuckerzerlegung zuzukommen scheint, sind demselben doch indirect nützlich, indem sie den physiologischen Apparat erhalten, ohne welchen das phosphorsaure Kali nicht auf die Zuckerzerlegung zu wirken vermag. Als solche mineralische Nährstoffe der Hefepflanze haben sich schwefelsaure Magnesia und phosphorsaurer Kalk erwiesen, die zusammen mit phosphorsaurem Kali angewendet, die Hefepflanze in Bezug auf ihr Aschenbedürfniſs vollständig zu befriedigen vermögen. Daſs in der schwefelsauren Magnesia dem *Magnesiasalz* eine specifische Wirkung zuzuschreiben ist, scheint aus den Versuchen hervorzugehen; ob aber das *schwefelsaure* Salz dabei noch eine besondere Rolle spielt, ist noch zweifelhaft. Ein Gleiches gilt für die Entbehrlichkeit des Kalks. Verf. sah *Schimmelpilze* sehr üppig wachsen auf Flüssigkeiten, deren einziger mineralischer Bestandtheil Phosphorsäure war, auch ohne alles Kali, wonach die Zahl der gewöhnlich als unentbehrlich betrachteten Mineralstoffe für diese Gewächse wenigstens sehr zu reduciren wäre. Wir lernen hiermit eine wichtige, für die Physiologie neue Categorie von Aschenbestandtheilen kennen, welche für die Vegetation zwar nützlich, aber entbehrlich sind. Hiernach ist die Gährung ziemlich unabhängig von der *normalen* Entwickelung der Hefe (25, 35). Der Zusammenhang der Hefe mit Mycelien und fructificirenden Schimmeln ist dem Verf. zweifelhaft geblieben; ja er läugnet ihn in gewissen Punkten ganz und gar. Verf. säete Penicillium-Sporen auf seine Flüssigkeiten (wesentlich Zuckerlösungen) ein, aber er sah keine Hefe daraus entstehen; umgekehrt aus Hefe kein Penicillium. Er schlieſst daraus irriger Weise, daſs meine Ansicht über die Zusammengehörigkeit dieser und ähnlicher Formen unbegründet sei (S. 53) und sagt : „Ich betone hierbei ganz besonders, daſs ein einziger Versuch, bei dem in einer Flüssigkeit, die sowohl gährfähig ist, als für die Schimmelbildung zugänglich, nach der Aussaat (Einsaat) von Hefezellen *keine* Schimmelbildung eintritt, — mehr zu beweisen im Stande ist, als 100 Versuche, wobei der — der Aussaat fremde (?) — Organismus sich entwickelte, da niemals die Reinheit der Aussaat von jenem anderen Organismus erwiesen werden kann.“

Ref. betont dem entgegen ganz besonders, daſs Ein positiver Versuch mehr Werth hat, als 100 negative. Sicher wird man aus Penicillium-Sporen keine Hefe züchten, wenn

22

man nicht sie bleibend von der Luft abschliefst und versenkt (sie sind nämlich lufthaltig und schwimmen daher auf der Oberfläche). Dazu aber bedarf es eines anderen Gährapparates, als des vom Verf. angewendeten. Und eben so sicher erhält man aus Hefe kein fructificirendes Penicillium, wenn man nicht genügenden Luftzutritt gestattet, und überhaupt so lange die Hefe versenkt bleibt (vgl. Bot. Ztg. 1867, S. 54). Diese beiden Bedingungen sind vom Verf. nicht erfüllt worden, woher es denn kommt, dafs „unter den vom Verf. beschriebenen Umständen" die Versucho fehlschlugen. Wenn man eine Eichel in den Rauchfang hängt, oder in das Wasser wirft, erhält man sicher daraus keinen Eichbaum. Damit ist aber nicht bewiesen, was Andere gesehen haben, sei falsch : nämlich dafs die Eichel in die Erde gepflanzt wirklich einen Baum producirt.

Abth. 2. Stickstoffgehalt und -Aufnahme der Hefe. Die Versuche beziehen sich auf sehr verschiedene Substanzen und ergeben Folgendes. Die eiweifsartigen Stoffe (Albumin, Caseïn, Fibrin) und alle anderen stickstoffhaltigen organischen Substanzen, mit denen hier Versuche angestellt worden sind (Kreatin, Harnstoff, Guanin, Asparagin, Allantoïn u. s. w., S. 61), sind schlechte Nahrungsmittel der Hefepflanze, und vielleicht nur in dem Mafse, als sie Ammoniak durch Zersetzung abzugeben vermögen. Unter ihnen aber sind wieder die sauerstoffreicheren, den Ammoniakverbindungen näher stehenden, geeigneter als die anderen, so z. B. Allantoïn, Asparagin. Dennoch verhält sich die Hefepflanze in ihrer Stickstoffaufnahme nicht analog den höheren Pflanzen; denn obwohl auf Kosten von Ammoniaksalzen bei Ausschlufs jeder anderen Stickstoffquelle in Form organischer Substanz eine normale, wenn auch nicht möglichst kräftige Ernährung stattfindet, so ist dieselbe doch absolut unfähig, sich auf Kosten von Salpetersäure, der Hauptbezugsquelle von Stickstoff für höhere Pflanzen, zu ernähren. Durch Schimmelvegetation indefs wurde diese Säure, auf der sie gut gedeiht, unter Ammoniakbildung zerlegt (S. 51). Es scheint jedoch eine Gruppe von stickstoffhaltigen organischen Körpern zu geben, die ein äufserst kräftiges Nahrungsmittel der Hefepflanze sind. Es scheinen diefs dieselben Körper zu sein, denen man früher jene geheimnifsvollen Fermentwirkungen zuschrieb und zum Theil noch zuschreibt. Für Pepsin, das ein Hauptvertreter jener Gruppe ist, konnte eine grofse Nährfähigkeit in Bezug auf die Hefepflanze nachgewiesen werden. Ein dahin gehöriger Körper ist auch in der frischen Hefe nachgewiesen, und derselbe ist möglicherweise mit der Diastase identisch. Bei der Gährung findet zugleich ein Stickstoffumsatz, mit Ausscheidungsproducten — analog den thierischen Excreten, wie Harnstoff — vergesellschaftet, Statt, der dadurch bewiesen werden kann, dafs die stickstoffhaltigen Extractivstoffe der Hefe nach beendigter Gährung unfähig sind, die Hefepflanze zu ernähren. Dieser Umsatz ist Ursache der stets zuletzt eintretenden Erschöpfung der Hefe. Dieses Abscheidungsproduct ist nicht Ammoniak (S. 55), wie man nach Döberreiner annahm.

Verf. spricht demnach die Vermuthung aus, dafs auch bei der Magenverdauung mittelst des Pepsins eine hefeartige Vegetationsform mitwirken möge (ein Resultat, zu welchem Ref. auf anderem Wege gleichfalls gelangt ist, Bot. Ztg. 1860, S. 41). Er wagt es, diesen Zusammenhang für möglich zu halten, selbst auf die Gefahr hin, dafs dieser Ausspruch, wie einst eine ähnliche Vermuthung Mitscherlich's, von Liebig mit der schmeichelhaften Bezeichnung „Altweibergeschwätz" belegt werde.

S. 39—40 und S. 54—57 sind speciell der Widerlegung von Liebig's neuesten Einwürfen gegen Pasteur's Gährungs-Chemie gewidmet. Hierbei werden auch die Ducleaux'schen Versuche (Compt. rend. T. LIX, p. 450) besprochen, aus welchen hervorgeht, dafs Ammoniaksalze von der Hefe wirklich vollständig aufgenommen und in veränderter Form assimilirt werden.

Interessant ist, dafs die eiweilsartigen Substanzen die Essigsäurebildung begünstigen, und dafs der Verf. Essigsäure auch in solchen Fällen entstehen sah, wo eine Alkoholentwickelung nicht nachgewiesen werden konnte. Mycoderma vini kann in grofser Ueppigkeit auf Destillationsrückständen vergohrener Flüssigkeiten vegetiren, welche ganz alkoholfrei sind (S. 49). Schimmelbildungen sind sämmtlich im Stande, Aldehyd-Ammoniak zu erzeugen; dieses ist der Gährung nachtheilig, kommt indefs auch im Weine ganz allgemein vor *). Auch Caffeïn wirkte nachtheilig. — Von dem Concentrationsgrad der mineralischen Substanzen ist die Hefe in hohem Grade unabhängig (S. 30).

Das Bitterwerden des Rothweins wird, im Gegensatze zu Pasteur, nicht von Organismen, sondern von rein chemischen Vorgängen abgeleitet.

Angemerkt zu werden verdient, dafs Verf. S. 64 von Organismen spricht, welche „für *eine* Art der Essiggährung charakteristisch" sind. Damit wird, im Gegensatz zu der Ansicht von den specifischen Fermenten, implicite ausgesprochen, dafs überhaupt keine charakteristischen Essigfermente existiren.

C. Tommasi und C. Hüter, über *Diphtheritis* (Centralblatt f. d. med. Wissensch. 1868, Nr. 34 und 35). Die Verf. kommen auf Grund ihrer Infectionsversuche mit frischem Exsudat zu folgendem Resultat.

1) Die Diphtheritis beim Menschen, mag sie auf Wunden oder auf Schleimhäuten auftreten, bewirkt regelmäfsig eine Einwanderung von sehr kleinen, rundlichen, in energischer Bewegung befindlichen Organismen in das Blut, welche in derselben Form in den Geweben diphtheri-

---

*) J. Oser will gefunden haben, dafs im Wein ein *Alkaloid* vorkomme, welches wahrscheinlich aus der stickstoffhaltigen Substanz der Hefe entstehe (Wiener Acad. Ber. 1867, II, 489).

tischer Wunden und in dem diphtheritischen Beleg der Schleimhäute sich vorfinden. Es ist wahrscheinlich, dafs die Erzeugung des diphtheritischen Infectionsstoffs an diese Organismen gebunden ist.

2) Die Diphtheritis ist durch Einpflanzung von diphtheritischen Membranen in die Muskeln vom Menschen auf Thiere und von inficirten Thieren auf andere Thiere übertragbar, und so das correcte Studium dieser Erkrankung ermöglicht.

3) Es ist wahrscheinlich, dafs der diphtheritische Infectionsstoff in gewissen Phasen der Fäulnifs eiweifshaltiger Flüssigkeiten entstehen kann. Jedoch ist er nicht identisch mit dem Infectionsstoff der putriden Flüssigkeiten, welcher die septicämischen Erscheinungen hervorruft.

Die Bewegungen dieser kleinen Organismen sind nach Ansicht der Verf. keinesfalls einfach zitternde, moleculare, und entsprechen auch nicht den Bewegungen von Vibrionen, z. B. von Vibrio Lineola.

Bei der Cultur auf Kartoffelstücken unter den geeigneten Cautelen bildete sich eine schleimige, alkalisch reagirende Masse, in welcher *Ref.* grofse Mengen von Bacterium Termo und Monas Crepusculum erkannte, beide in hohem Grade activ beweglich.

B a i l, weitere Mittheilungen über den Raupenfrafs in der Tuchler Haide und das durch den Schmarotzerpilz *Empusa* bewirkte Absterben der Forleulenraupen. „Land- und forstwirthschaftliche Zeitung, Nr. 32." Bestätigung der früheren Beobachtungen. Die Kiefern sind in dem auf den Raupenfrafs folgenden Jahre, Dank jenem Pilze, nicht wieder angefressen worden; auch sind deren viele wieder stellenweise ausgeschlagen.

E. H a l l i e r, über das *Faulen des Obstes* (landwirthsch. Versuchsstationen X, 386, 1868).

Il Contagio del *Colera*; ricerche botaniche communicate ai Medici ed ai Naturalisti dal dott. H a l l i e r, professore a Jena. Lipsia 1867. Traducione dal tedesco del Dottor

C. L. Rovida. Estratto dal Morgagni, anno IX, Dispense XI et XII.

de Seynes beobachtete, daſs dio Zellen der „Weinblüthe," *Mycoderma vini*, welche als ein weiſsliches Häutchen auf gewässertem Weine auftritt, sowohl durch Sprossung, als durch endogene Zellenbildung sich vermehren. Derselbe giebt an, daſs Boleten und Agarici in den dunkelen Bergwerken gelegentlich auch ganz normal entwickelt vorkommen (was Ref. bestätigen kann), mit keimfähigen Sporen, und daſs ihro hier gewöhnliche anomale Vegetation veranlaſst sei durch eine überwiegende Luxuriation des Myceliums, bedingt durch die dort herrschende Feuchtigkeit und Wärme. (Compt. rend. LXVII. Juli 1868, p. 105). Vgl. auch : J. Seynes, des rapports des Mycodermes avec les *levûres*; in Bullet. Soc. Bot. France. XV. 1868, Heft 2, p. 159.

P. L. Crouan et M. H. Crouan, Florulo de *Finisterre*, contenant les descriptions de 360 espèces nouvelles de sporogames, une synonymie des plantes cellulaires et vasculaires, qui croissent spontanément dans ce département, accomp. de 32 planches où est représenté l'organographie de 198 genres d'algues, plus une planche avec 24 *champignons* nouveaux. Paris, Klincksieck, 3 Thlr. 1867.

A. Garbiglietti, Catalogo delle principali specie di *Funghi* crescenti nei dintorni di *Torino* ed in altre provincie degli antichi stati sardi di Terraferma, disposte secondo il sistema micologico di Fries. Torino, Löscher. 1867. 5 L.

E. Hallier, der Cholerapilz auf Reis. (Flora 1867, S. 541). Enthält auch Bemerkungen über den Favuspilz.

W. Archer, on two new species of *Saprolegnieae*, referable respectively to the genus Saprolegnia N. ab Es. and Achlya N. ab Es. (Journ. microscop. soc. VII. 1867, p. 121—127. Tab. 6.)

A. Sauţer, Beiträge zur Pilzflora des Pinzgaus. (Mitth. der Ges. f. Salzburger Landeskunde. VI. 1866.)

H. Fritzsche, vollständige Abhandlung über den Hausschwamm. Gekrönte Preisschrift. (Mitth. des sächsischen Ingenieur-Vereins. Dresden 1866.)

M. J. Berkeley, Notes on Fungi. VI. Blackish purple or brown-spored Mushrooms, together with the black-spored species. (Intellectual Observer, 1866. Juli—Dec. p. 32—38.)

John Sadler, Notice of some Rhizomorphous Fungi. (Transact. Botan. Soc. of Edinburgh. VIII. 3. Edin. 1866, p. 447—448.)

Willkomm, die mikroskopischen Feinde des Waldes. Rec. von R. Hartig, in Danckelmann's Z. I. 3. 1868.) — Ferner in Zarncke's literar. Centralblatt 1869, p. 1221.

C. O. Harz, Beitrag zur Kenntniſs des *Polyporus officinalis* Fr. (Bullet. soc. nat. de Moscou 1868. I. S. 1—40.)

Verf. erörtert in Kürze die Herkunft dieses officinellen Pilzes; im Alterthum von Agaria in Sarmaticn, daher Agaricum, jetzt von Südosteuropa und dem Südosten Centraleuropa's. Er wächst perennirend auf kranken Stämmen von Larix sibirica und europaea. Das basifugale Wachsthum der Porenschichten und die einseitige Ausbildung der Rindenschicht aus einer strunkartigen Ansatzstelle wird erörtert. Die älteren Röhrchen werden weiterhin von secundären Mycelfäden durchsponnen. Die Sporenbildung ist nicht bekannt. Der Schwamm erreicht ein Gewicht von 10 Pfund, die Rinde, anfangs rein weiſs, wird dunkler und rissig. Die noch sehr unzureichenden chemischen Angaben werden mitgetheilt, und darauf nach eigenen Untersuchungen genauer erörtert, wie die Zellfäden der inneren Partie allmälig unregelmäſsige Protuberarzen bil-

den, aus welchen durch eine eigenthümliche Metamorphose
das für diesen Pilz charakteristische Harz entsteht. Dasselbe bildet sich ferner auf Kosten der inneren, anfangs
stark verdickten Schicht der Zellwand. Der Procefs hat
also viel Analoges mit dem bei vielen Pilzen beobachteten
Colliquationsprocefs. Die Cellulose des Pilzes läfst sich zu
einer explosibelen Substanz nitriren. Aetherisches Oel
konnte nicht nachgewiesen werden. Durch Aether erhält
man bis 69 pCt. Harz. Es schwankt in der Farbe zwischen rein weifs bis dunkelbraun. Taf. 1 stellt den Pilz
in natürlicher Gröfse im Längsschnitte dar, Taf. 2 giebt
mehrere anatomische Detaildarstellungen bei starker Ver-
gröfserung.

Lehmann, über Pilze, besonders über einige *chemische
Reactionen* derselben. (Sitz.-Ber. d. Ges. f. Nat. u. Heilk.
z. Dresden, 1868, I. S. 16.) Eisenchlorid färbt die Oberfläche der Clavaria flava schön blau, das Fleisch schwärz-
lich; Polyporus ovinus : Röhren und Fleisch fleischroth;
Hydnum repandum : das Fleisch schwarz u. s. w. Nach
einer Bemerkung das. S. 22 befindet sich in Dresden im
königlichen naturhistorischen Museum eine reiche, von zwei
Königen Friedrich August I. und II. gesammelte und bis
jetzt fortgesetzte mykologische Bibliothek.

Reichenbach, Hofr., Andeutungen über *Pilzvergif-
tungen* (das p. 22—46.) Krankheitsbild und Sectionser-
gebnifs bei Vergiftung durch Amanita muscaria, phalloides,
Agar. necator, emeticus u. s. w. Der sibirische Fliegen-
pilz sei von dem unserigen specifisch verschieden und Am.
umbonata R. zu nennen. Versuche von Krombholz,
Krapf u. A. Rasches Wachsthum der Bovista gigantea
nach Jungius (1657 gestorben). Scleroderma vulgare Fr.
(citrinum P.) giftig; Mittheilung einer Beobachtung von
Hedenus. Uredo Maydis, Ursache des Pellagra (pellis
aegra); Schilderung der Krankheit (s. g. mailändische Rose).
Im Jahre 1831 gab es im Mailändischen 20000 Pellagra-
Kranke und 1843 waren $^3/_4$ der Kranken in der Irrenanstalt

zu Brescia ursprünglich Pellagra-Kranke. Chionyphe Carteri Berk. soll Necronyphe heifsen. Reichenbach nimmt
als entschieden an, dafs wir die als giftig allgemein ange-
nommenen Pilzarten in ihrem jungen Zustande ohne allen
Nachtheil geniefsen dürfen (!), dafs efsbare dagegen und
als gesunde Nahrung erprobte dann, wenn wir sie in
sporenreifem Zustande oder überreif geniefsen, eben so
gefährliche Zufälle wie die giftigen erregen (S. 33), dafs
also vielleicht gar kein eigentliches Pilzgift existire, vielmehr die keimfähigen Sporen im Schlunde u. s. w. sich
gruppenweise ansetzen oder ansaugen und specifische Stö-
rungen mechanisch organischer Art hervorrufen, vergleich-
bar den Trichinen. Zweifel über den s. g. Cholerapilz
(35.) Reichenbach erinnert bei dieser Gelegenheit an
seine mit Carus angestellten Versuche, welche den ersten
Nachweis der (von manchen heute noch nicht anerkannten)
Heteromorphie des Wasserpilzes (Achlya prolifera) auf
Salamanderlarven mit einer Luftform lieferten (Nov. Act.
Leopold. XI. II. 1823, Taf. LVIII.) Die Schriften der neueren Cholera-Mykologen „enthalten schon in ihrer botanischen
Bearbeitung so vieles Auffällige und nicht Exacte, dafs
eben, soweit mir bekannt ist, noch kein einziger erfahrener
Mykolog ihnen beigestimmt hat" (39.)

E. Hallier, Vortrag über seine neuesten Untersuchungen auf dem Gebiete der Schimmel- und Hefebil-
dung. (Das. S. 62.) Hallier verwahrt sich dagegen,
dafs er die Behauptung ausspreche, die bei den Infections-
krankheiten vorkommenden Pilze seien die wahre Ursache
der Krankheit, also das Contagium. Dagegen sei gewifs,
dafs der Micrococcus einen entschiedenen Einflufs auf den
gesammten Krankheitsprocefs ausübe.

W. Bucholz, über die Einwirkung der Phenylsäure
(Carbolsäure) auf einige Gährungsprocesse. (Aus der Inaug.-
Diss. des Verf. abgedr. in Casselmann's pharmac.
Zeitschr. f. Rufsland. Petersburg VI. Heft, 9. Sept. 1867,
S. 627 und Heft 10, S. 686.) Zunächst Historisches, wobei

namentlich die wichtige Arbeit von Lemaire, de l'acide
phénique, éd. 2. Paris 1865 in eingehendem Referate besprochen wird. Dieser, die Fäulnifs- und Gährungserschei-
nungen von Bacterien und anderen organischen Wesen
ableitend, hatte die ganz allgemein antiseptische Wirkung
jener Substanz der giftigen Eigenschaft derselben auf diese,
wie auf alle anderen lebenden Organismen zugeschrieben,
und dieselbe nicht nur zur Conservation von Fleisch, Lei-
chen u. s. w. empfohlen, sondern auch zur Desinfection
contagiöser Auswurfstoffe. Gegen die Wirkung der Diastase, das Emulsin und dergleichen, welche nicht von der
Anwesenheit mikroskopischer Organismen abzuhängen
scheint, fand Lemaire die Phenylsäure dagegen unwirk-
sam. Bucholz fand sich veranlafst, diese Versuche zu
controliren, indem er dazu Kreosot verwendete und zunächst
die vitalen Gährungsprocesse in dieser Richtung studirte :
Hefegährung und Milchgährung (Säuerung). Die Versuche wurden mit gemessenen Quantitäten ausgeführt, die
Gährungsintensität durch die entwickelte Kohlensäure bestimmt und zur Vergleichung wurden ähnliche Versuche
mit Sublimat, arseniger Säure und dergleichen angestellt.
Die Phenylsäure wirkt in hohem Grade hemmend oder
ganz tödlich auf die Hefe, auch kann man dieselbe nicht
ohne merkliche Schädigung in carbolsäurehaltigem Wasser
aufbewahren (691). Ebenso verhält sich Chlorkalk, während
Eisenvitriol und arsenige Säure die Fermentwirkung der
Hefe nur um Weniges verlangsamten. Die Einwirkung
wird vom Verf. auch mikroskopisch an den Hefezellen erkannt. Die Wirkung ist unter Umständen keine momen-
tane, sondern tritt erst nach einiger Zeit ein. Verf. versuchte nämlich, wie *Ref.* (Botan. Unters. ed. Karsten, I.
1867, S. 365), den Unterschied in der Wirkung, je nachdem
die Phenylsäure von Anfang an, oder erst bei schon ein-
getretener Gährung zugesetzt wurde und kam zu ähnlichem
Resultate. — *Milch.* Mit der Säuerung sah Verf. constant
Pilze auftreten. Bei 1 Phenylsäure auf 370 Milch wird

die Gährung nur um 2 Tage verlangsamt, tritt aber dann doch ein, während Verf. hier weder Pilze noch Infusorien *finden konnte*, was ihn veranlaßt, diese hier (und in allen übrigen Fällen) nicht für die alleinige oder wesentliche Ursache derartiger Zersetzungsprocesse zu halten. (Bei der Kleinheit des Milchsäureferments, der Bacterien nämlich — nicht der Hessling'schen Milchmycelien — ist es gar nicht auffallend, wenn bei einer schwachen Säuerung diese unter den Millionen Buttertröpfchen übersehen werden, namentlich wenn man nicht speciell gerade nach ihnen sucht, wie aus des Verf. Schweigen hier zu vermuthen ist. Ref.) Bei 1 auf 265 bleibt aber die Gährung (und die Organismen) aus; die Milch bleibt wochenlang flüssig. — Von den dem Anscheine nach *nicht* vitalen Fermenten prüfte Verf. den Speichel, die Diastase, das Emulsin und Myrosin. Kleinere Mengen von Phenylsäure hindern nicht die Zuckerbildung aus Stärkekleister durch Speichel, wohl aber größere. Diastase, nach Cohnheim's Vorschrift zubereitet (zur Kenntniß der zuckerbildenden Fermente, in Virchow's Archiv, Bd. XXVIII, 1863, S. 248), wird ganz ebenso beeinflußt; Emulsin ebenfalls, indem bei Anwesenheit größerer Mengen von Phenylsäure keine Blausäure aus Amygdalin entwickelt wird. Und mit der Bildung des Senföls verhielt es sich analog. (Lemaire habe hiernach, indem er zu entgegengesetzten Resultaten gelangte, theils zu geringe Mengen von Phenylsäure angewendet, theils die Versuche nicht in der gehörigen Weise angestellt.)

Payen, les cryptogames utiles. (Revue des deux mondes. 1869, Févr. p. 708.) Enthält u. A. eine Beschreibung der Anlage von *Champignonbeeten* in den alten Steinbrüchen von Paris; wesentlich aus Pferdedünger und Kalkbrocken. Ein solches Beet liefert durch 6—8 Monate Pilze. Ferner über *Trüffel*, deren in 46 Departements, meist südlich von der Loire, jährlich für 18 Millionen Francs in den Handel gebracht werden. Ferner über die mehr und mehr in Aufnahme kommende künstliche Anlage von Trüffel-

plantagen, zuerst im Dép. de Vaucluse. Sie geschieht, wie
im vorigen Falle, ohne Einsaat von Sporen oder Mycelium,
blofs durch Auswahl geeigneten Bodens und Besäen mit
Eicheln verschiedener Art aus solchen Localitäten, wo
Trüffel spontan reichlich vorkommen. Man findet Exemplare bis zu 700 Gramm Gewicht. Die Trüffel wüchst
noch bedeutend im Boden, nachdem sie bereits alles Mycelium verloren hat, was nach des Verf. Ansicht an die Er-
nährungsweise der Hefe erinnere. Ein gut dressirtes
Trüffel-Schwein findet per Woche bis 50 Kil. Trüffel.
Dieselben erhalten sich einen Monat lang frisch.

El. Borscow, ein Beitrag zur Pilzflora der Provinz
Cernigow. (Bullet. ac. sc. Petersb. XIII. 219—245, 1868.)
Diese Gegend liegt auf der Grenze des Steppengebietes
und hat nordwärts vorwiegend Tannen- und Birkenwälder;
ferner Kiefern, Eichen u. s. w.; sie grenzt an den Dnjepr
und die Dessana und ist südlich zum Theil beinahe wald-
lose Ebene. — Einleitend wird über Temperatureinflüsse
gesprochen, wobei angegeben wird, dafs sich Ag. metatus
Fr. öfters in dunkelen Eiskellern finde bei einer Temperatur, welche 2º C. nicht übersteigt. Bei Pez. nigrella P.
beobachtete Borscow die Entleerung der Sporenschläucne
schon bei 3—4º C., und die schöne Pez. mirabilis B. entwickelt ihre scharlachrothen Fruchtkörper in einem kaum
einen Zoll tief aufgethauten Boden. Agar. conigenus P.
und Pez. conigena P. entwickeln sich vortrefflich bei einer
Temperatur von 3—4º C. — Ag. (Trich.) personatus Fr.,
um Petersburg mit perennirendem Mycelium und reich an
violett-blauem Farbstoff, ist in Süd-Rufsland einjährig, der
Fruchtkörper kleiner, fast farblos. — Aethalium septicum
entwickelt sich binnen 6 Stunden in günstigem Falle zu
Plasmodien von 1—1½ Fufs Ausdehnung. Ueber die
Plasmabewegung in denselben. Der Ausgangspunkt der
für die Bewegung nöthigen Kraftäufserung geht von der
Innenmasse aus. — Noch mehrere andere Myxomyceten
werden aufgeführt, so das bei Petersburg fehlende Phy-

sarum psittacinum. Trichia varia; die einseitige starke Verdickung der Sporenmembran kommt nicht allein bei dieser, sondern auch bei Tr. fallax vor. Ein constantes Kennzeichen aller Varietäten der T. chrysosperma ist das starke Irisiren der dünnen Sporangiumhaut. — Unter den Basidiomyceten werden u. a. erwähnt Tremella aurantia Schwein., als selten Theleph. terrestris. Clavaria coralloides, pistillaris, Sparassis crispa, Colocera viscosa, Hydnum gelatinosum, coralloides, repandum und Auriscalpium, Fistulina hepatica, Merulius lacrymans, Daedalea quercina, Polypor. versicolor, zonatus, pinicola Fr., fomentarius, betulinus, giganteus fast 3 Fufs grofs, perennis; Boletus scaber, edulis, luridus; Schizophyllum commune, Lentinus lepideus, Marasmius Rotula, androsaceus, Cantharellus cibarius, Lactarius deliciosus, torminosus, Hygrophorus conicus, Paxillus involutus, Coprinus micaceus, fimetarius, comatus; Agar. fascicularis Huds., aeruginosus; campestris : häufig in Obstgärten, an gedüngten Stellen. Ag. Myc. stylobates P., galericulatus, laccatus; Ag. melleus, procerus; Aman. vaginatus, rubescens, Mappa B. (fehlt in Petersburg), muscarius : besonders häufig in Birkenhainen; phalloides Fr. — Gasteromycetes. Hierunter Sphaerobolus stellatus, Geaster fornicatus, Scleroderma vulgare und Bovista; Phallus impudicus. — 3) Ascomycetes. Hellvella crispa Fr., lacunosa, esculenta : in Kiefernwäldern an abgebrannten Stellen. Peziza Acetabulum, cerea, vesiculosa, omphalodes a aurantio-rubra, fascicularis A. S., coccinea im Frühjahr sehr häufig; hemisphaerica Wigg., aeruginosa; Nidularia campanulata, Crucibulum; Elaphomyces granulatus; Claviceps purpurea (Mutterkorn). Poronia punctata. Sphaeria concentrica, fusca P. u. s. w. — In der Regel wird auch angegeben, ob der betreffende Pilz auch bei Petersburg vorkommt.

A. Trécul, de l'influence de la *génération* dite *spontanée* sur les résultats des recherches concernant l'origine de la *levure* de bière. (Compt. rend. LXVII. Decb. 1868,

34

p. 1153—1164.) Verf. war durch frühere Versuche, welche
in denselbem Bande mitgetheilt sind, zu der Ueberzeugung
gekommen, dafs Mycoderma cerevisiae, Torula cerevisiae
und Penicillium als zu einer und derselben Species ge-
hörig zu betrachten sind. Weitere Untersuchungen be-
lehrten ihn indefs, dafs durch spontane Generation Hefezellen auftreten können, welche die Klarheit des obigen
Resultates beeinträchtigen. Er erörtert zunächst seine
Beobachtungen über Bacterium und Leptothrix mit Rücksicht auf die, wie er glaubt, im Wesentlichen abweichenden
Angaben von Hallier. Dann werden die in dem Malz-
auszug vorkommenden Zellketten besprochen, welche theils
durch Sprossung entstehen, theils durch freiwillige Aggluti-
nation, welche die isolirt vorkommenden Zellen „en danger
de mort" ausführen (1158). Verf. gelangt zu folgenden
Schlüssen. 1) Die Hefezellen können in der Biermaische
entstehen, ohne dafs irgend welche Sporen oder Zellen
darin befindlich waren. 2) Zellen von gleicher Gestalt,
aber abweichendem Inhalte, entstehen in Zuckerwasser
(rein oder nach Zusatz von etwas weinsteinsaurem Ammoniak); diese Zellen können Gährung veranlassen. 3) Dieselben produciren auch Penicillium, ganz wie die Bierhefe.
4) Sporen oder Conidien des Penicillium scheinen sich in
Hefe umwandeln zu können. — Die Versuche sind nicht
mit denjenigen Cautelen ausgeführt, welche hier nothwendig scheinen. Man müfste denn eine wiederholte Filtration
der Flüssigkeit, wie der Verf. sie ausführte, in diesem
Sinne für genügend halten.

A. Millardet zeigt, wie man mittelst des Polarisa-
tionsapparates die durch Schimmel veranlafsten *Gänge in
harten Zellwandungen* von denjenigen unterscheiden kann,
welche in einigen Fällen in ganz ähnlicher Form von selbst
(ohne äufsere Veranlassung) vorkommen, z. B. in der
äufsersten Schicht der Samenschale von Bertholletia.
(An. sc. nat. Bot. 1866. VI. p. 303, 310. Taf. 14, Fig. 14;
Taf. 15, Fig. 23.)

G. de Saporta unterschied auf tertiären Fossilen von
Süd-Ost-Frankreich einige Pilze : Sphaeria Kunkleri Heer
(auf Typha) und Sclerotium Cinnamomi Heer auf Cinn.
polymorphum Taf. 8, Fig. 1. (An. sc. nat. Bot. 1867.
VIII. p. 39.)

Veesenmeyer, Vortrag über die Pilze und
Schwämme der Umgegend von *Ulm.* (Württemb. naturwiss. Jahreshefte 1869, XXV. 1. S. 24.) Zuerst Historisches,
wonach in Leopolds Deliciae 1728 bereits 28 Pilze aufgezählt werden, während Linné 1763 deren im Ganzen
nur 85 kannte. Verf. zählt 1½hundert Hymenomyceten
— das Verzeichnifs selbst ist indefs nicht abgedruckt;
— ganz Württemberg hat deren 488 nach dem 1863 erschienenen Werke : das Königreich Württemberg, eine
Beschreibung von Land, Volk und Staat, herausgegeben
vom statist. topograph. Bureau; — Rabenhorst (1844)
zählte 4079 Pilzarten für ganz Deutschland (und etwas
darüber hinaus) auf, mit 1645 Hymenomyceten.

J. Kühn, über das Vorkommen des Wurzeltöders
(*Rhizoctonia violacea* Tul.) au Zuckerrüben, Kartoffeln und
Luzerne. (Zeitschr. d. landw. C. Ver. d. Prov. Sachsen,
von Stadelmann. XXV. No. 6, 1868.) Der fädige Pilz
zieht sich bei der Zuckerrübe als violetter Anflug auf der
Oberfläche hin, sendet aber auch zahlreiche farblose Zweige
in das Innere und ist von nasser Fäule begleitet. Auch
auf Futterrüben und Mohrrüben kommt derselbe vor. Von
der Kartoffelknolle aus dringt er eine Strecke weit in die
benachbarte Erde; er ist verschieden von der Rh. Solani.
Auf Luzerne war die Rh. früher nur in Frankreich bekannt; jetzt ist sie auch bei uns aufgetreten, auch auf
Umbelliferen beobachtet worden. Merkwürdiger Weise
scheint sie Esparsette und Klee nicht anzugreifen.

J. Wilbrand, Professor H. Hoffmann in Giefsen
über den Cholerapilz des Herrn Hallier. (Hildesheimer
Sonntagsblatt. 1868. No. 22) Referat.

F. Mosler, über *blaue Milch* uud durch deren Ge-
nufs herbeigeführte Erkrankungen beim Menschen. (Virchow's Archiv f. pathol. Anat. u. s. w. Bd. XLIII, 1868.)
Verf. versucht nachzuweisen, dafs die auf jeder säuernden
Milch vorkommenden Mycelien (Oidium lactis) die Ursache
der Blaufärbung der Milch seien, im Falle nämlich „in Folge
mangelhaft bereiteten Chylus und modificirter Albuminose
des Blutes auch der Käsestoff der Milch eine andere Zu-
sammensetzung erhält," als im normalen Zustande, wodurch
der Modus der normalen Milchsäuregährung geändert
werde. Nach seinen Beobachtungen erklärt der Verf. eine
solche Milch für schädlich und schreibt diefs einem Gehalte
an Anilin zu, welches Erdmann in derartiger Milch
nachzuweisen versucht hat. Auf Kaninchen wirkt auch
der gewöhnliche farblose Milchpilz nachtheilig, er veranlafst Durchfall u. s. w. Verf. machte auch Versuche mit
Bierhefe, fand aber, dafs dieselbe in Quantitäten von
1 Quart per Tag einem Hunde nicht schadete, während
sie auf Kaninchen ähnlich wie blaue Milch wirkte. Hieran
knüpfen sich noch andere Fälle von Pilzvergiftung, z. B.
ein neuer, vom *Ref.* dem Verf. mitgetheilter über Vergiftung
von Pferden durch schimmeliges Brot (Eurotium, Aspergillus
gl. und Penicillium gl.); ferner Betrachtungen, an die vom
Ref. gewonnenen Thatsachen über die Physiologie und
Chemie der Hefe anschliefsend, welche es verständlich zu
machen suchen, warum ein und derselbe Pilz je nach den
äufseren Umständen eine verschiedene Wirkung äufsern
kann, wie denn auch die Inoculation von Contagien oder
selbst der Import von Trichinen und Bandwurmkeimen
nicht unter allen Umständen und bei allen Individuen und
Thierarten die gleiche Wirkung hervorbringt. — Auf einer
Tafel werden nach Zeichnungen des Referenten verschiedene Formen des Oidium lactis abgebildet, wobei ersicht-
lich ist, dafs die Blaufärbung sowohl des Caseingerinnsel,
als auch die Zellen des Myceliums betrifft; beide indefs
nicht continuirlich.

Künstliche Erzeugung niederer Organismen. Gaea 1869. Heft 1.

J. Kühn, die Ursachen der Pflanzen - Epidemien. (Sammlung gemeinverständlicher wissensch. Vorträge von Virchow und Holtzendorff. 1867—68.)

J. H. Bennett, Beobachtungen über Generatio spontanea. Mit Abb. (Ausland 1869. S. 310 f.) die Bacterien-Ketten sollen durch Vereinigung von vorher isolirt lebenden Gliedern entstehen.

J. Wiesner, Untersuchungen über den Einfluſs, welchen Zufuhr und Entziehung von Wasser auf die Lebensthätigkeit der Hefezellen äuſsert. (Sitzung. d. Akad. d. Wissensch. in Wien; mathem. nat. Cl. 1869. 11. März. S. 49; Dingler's polytechn. Journ. Juli 1869, S. 158.) Der Wassergehalt kann ohne Beeinträchtigung der Lebensfähigkeit von 0—80 pCt. schwanken. Langsam getrocknet erhalten die Zellen sich lange Zeit; rasches Trocknen beschädigt die Hefezellen, sobald dieselben bereits Vacuolen ausgebildet haben. In diesem Falle vertheilt sich die Vacuolenflüssigkeit (Wasser) in zahlreichen Tröpfchen in dem Plasma. Auch ohne Vacuolen kann indefs unter Umständen schwache Gährung stattfinden, so z. B. in einer Zuckerlösung von 45 pCt., welche den Hefezellen einen groſsen Theil ihres Wassers entzieht und die Vacuolen verschwinden macht. Die Intensität der Gährung hängt von dem Wassergehalte des Plasma's ab, aus diesem Grunde ist dieselbe schwach in concentrirten Lösungen. Am meisten CO_2 und Alkohol wird in 20—25procentigen Lösungen gebildet. In völlig concentrirten Zuckerlösungen findet keine Gährung statt. Durch Eintragen von nasser Hefe in concentrirte Zuckerlösung oder starken Alkohol wird dieselbe in Folge raschor Wasserentziehung gröſstentheils getödet. Verf. bestätigt den Versuch des Ref., wonach Hefe im getrockneten Zustande über 200° C. erwärmt werden kann, ohne getödet zu werden, sowie dessen Angabe, wonach lufttrockne Hefe längere Zeit gährungsfähig bleibt. Solche Hefe kann man auch stundenlang in Alkohol oder concentrirter Zuckerlösung liegen lassen, ohne ihre Gährfähigkeit zu beeinträchtigen. Wird die Hefe nicht offen an der Luft, sondern mittelst des Exsiccators und unter der Luftpumpe (also zu rasch) getrocknet, so verliert dagegen die Mehrzahl der Zellen ihre Entwickelungsfähigkeit; doch bleibt immerhin noch ein Bildungsheerd übrig, indem die darunter befindlichen ganz jungen Hefezellen, noch ohne Vacuolen, bei Weitem weniger empfindlich sind, und so allmählich neue Hefe erzeugen. Diese entsteht stets durch Sprossung, nicht durch Micrococcus. — Erwärmt man Hefe in Gährflüssigkeit auf etwa 66° C., so werden die Vacuolen abnorm; ohne solche Flüssigkeit erwärmt, degeneriren die Vacuolen bereits bei 35—45°, doch ohne völlige Tödung.

Hassenstein und Hallier, Beobachtung eines neuen *Pilzes*, des Graphium penicillioides, im *Gehörgange*. (Archiv f. Ohrenheilkunde von Tröltsch, IV. Heft 2 und 3, 1868—69.)

E. Hallier, Untersuchungen über den pflanzlichen Organismus, welcher die unter dem Namen *Gattine* bekannte Krankheit der Seidenraupen erzeugt. Berlin 1868. 8. S. 36 mit einer lith. Tafel.

E. Hallier, der pflanzliche Organismus im Blute der *Scharlachkranken*. (Jahrb. f. Kinder-Heilkunde und physische Erziehung von Widerhofer. 2. Jahrg. 2. Heft, 1869.)

Rob. Wreden, die *Myringomykosis* parasitica; mit Taf. (Petersb. medic. Zeitschr. 1868, 53 S. 16 Sgr.)

Müller, über die durch *Vibrionen* vermittelte Bildung eines *rothen Farbstoffes* auf gekochtem Fleische. (Gurlt und Hertwig, Magazin f. d. ges. Thierheilkunde. 1867. XXXIII. 3. S. 344.)

Rothem Kirschsafte ähnliche Flecken wurden auf Hühner- und Kalbsbraten 8 Tage nach einander beobach-

tet, nachdem diese in demselben Speiseschranke verweilt
hatten.

Verf. fand in der Farbflüssigkeit bei mikroskopischer
Untersuchung runde oder schwach länglichrunde Körper-
chen, die er Vibrionen nennt, selten mit einer anscheinend
selbstständigen Bewegung begabt, meist ruhend; schnur-
förmig an einander gereihte oder in Theilung begriffene
Vibrionen konnten nicht nachgewiesen werden.

Die Flecken liefsen sich durch Impfung auf intacte
Stellen derselben Braten übertragen und dort deren neue
herstellen, jedoch nicht auf rohes Fleisch. In die Tiefe
des Fleisches dringt die rothfärbende Substanz nicht ein.
Mit fortschreitender Fäulnifs wurde die Färbung schmutzi-
ger. Ein eigenthümlicher, an ranzige Butter erinnernder
Geruch begleitet das Auftreten des Parasiten, der sich auch
auf Semmeln übertragen liefs, also identisch war mit der
Monas prodigiosa Ehrenberg's, dem „Blute im Brote",
was auch noch durch die mikroskopische Untersuchung
bestätigt wurde. Nur die stickstoffhaltigen Substanzen,
nicht die Stärkekügelchen, waren der Träger der rothen
Farbe. Auch gekochte Kartoffeln wurden mit Erfolg geimpft und entwickelten einen Geruch nach ranzigen Häringen;
ferner ebenso weich gekochtes Hühnereiweifs und schwach
geronnenes Blutserum; zuletzt trat Verfärbung der Substanz in das Gelbe ein. Dagegen mifslang die Uebertragung auf Milch, Leim und mageren Kuhkäse. — Schimmelbildung war der Verbreitung feindlich; wärmere Temperatur
war ein günstiges, ja nothwendiges Moment.

Auch von getrockneten Fleischstücken konnte noch mit
Erfolg geimpft werden. Weiterhin werden — nach Untersuchungen von Erdmann — die chemischen Charaktere
des Farbstoffes geschildert. Wahrscheinlich sind die Vibrionen nur dessen Erzeuger, nicht dessen Träger. Erdmann hält ihn für einen Anilinfarbstoff.

Die Contagiosität ist so grofs, dafs auch ohne directe Impfung, blofs durch nahes Beieinanderstehen der Speisen, Uebertragung stattfinden kann.

Dann folgen (S. 356 f.) Mittheilungen über *blaue Milch*, im Wesentlichen eine Bestätigung jener von H a u b n e r (G u r l t und II e r t w i g, Magaz. f. d. gesammte Thierheilkunde, Bd. 18.) — Verf. empfiehlt zur Verhütung das Bestreichen der inficirten Schränke mit Kreosotwasser, mit schwacher Lösung von Carbolsäure und carbolsaurem Natron. Am Schlusse Historisches (358—364) nach E h r e nb e r g (Monatsber. Berlin. Akad. 1848, 1849) ; darunter über blutige Hostien, die wesentlich zur Einrichtung des Frohnleichnamsfestes beitrugen.

E. R o z e et M. C o r n u, sur deux nouveaux types génériques pour les familles des *Saprolégniées* et des *Péronosporées.* (Compt. rend. LXVIII. 1869, p. 651.) *Cystosiphon pythioides*, ein neuer Pilz, wächst im Innern von Wolffia und bildet eine Art Bindeglied zwischen Saprolegnieen und Peronosporeen; er producirt Oogonien und hat daneben noch eine ungeschlechtliche Propagationsweise, durch Zoosporangien, welche von innen nach aufsen die peripherischen Zellen des Wirthes durchbohren und in das Wasser hinauswachsen. Ihnen entschlüpfen bewimperte Zoosporen, welche nach ¹/₂stündigem Schwärmen sich ansetzen und mittelst eines Keimschlauches in gesunde Blätter der Wolffia sich einbohren, um dort Mycelium zu bilden. — Die neue Peronosporee wächst in Erigeron canadensis und wird *Basidiophora entospora* genannt; ihre Conidienträger erinnern an die Basidien der Hymenomyceten. Die Schwärmer vermögen nur nach den gröfsten Anstrengungen unter heftigen Verkrümmungen aus ihren Conidien hervorzudringen. Die sexuelle Fortpflanzung der Species ist noch nicht genügend genau beobachtet worden.

J. d e S e y n e s, des *Agarics* à forme pezizoide et de leur développement. (An. de la société Linnéenne de Maine et Loire, tom. XI. 1869.) Verf. handelt von den-

jenigen Agarici, welche einen stiellosen, umgekehrten Hut
besitzen, der mit der Oberfläche angeheftet ist, im Habitus
an Cyphella oder Peziza erinnernd. — 1) Zuerst wird von
denjenigen gesprochen, welche während einer bestimmten
Zeit ihrer Vegetation die Pezizaform annehmen, und zwar
zunächst Ag. *variabilis* P., als Prototyp einer Reihe von
Arten, welche sehr kurze, seitliche Stiele haben und mit
der Umkehrung des Hutes ihre Vegetation beschliefsen.
Im Wesentlichen schliefst sich der Verf. der Darstellung
des Ref. (in Ic. an. fg. IV. T. 22, F. 3) an und giebt eine
Abbildung der verschiedenen Stufen in Holzschnitt (S. 4
des Separatabdrucks); ebenso bezüglich des Ag. depluens.
Der Vorgang läuft hier auf eine Abschnürung des Strunkes
durch Umwachsung seitens des Hutes hinaus. Im zweiten
Falle ist die Pezizaform der anfängliche Zustand: so kommt
es ausnahmsweise auch bei Ag. variab. vor, normal bei
elatinus var. violaceofuscus. Die erste genauere Darstellung, von D u t r o c h e t herrührend (Nouv. Annales du
Museum d'hist. nat. T. III. p. 59, Taf. 4), bezieht sich auf
Ag. crispus Turp., nach de S. wohl identisch mit lamel-
lirugus DC. und mit croceolamellatus Letellier (An. sc. nat.
2. sér. T. III. p. 13); ferner gehört hierher die Darstellung des Ref. bezüglich des Ag. carneo-tomentosus (Bot.
Ztg. 1856, S. 145.) Der Vorgang ist hier ein excentrisches
Wachsthum des Anfangs den Gipfel der Pilzanlage ein-
nehmenden Hymeniums mit allmählicher Ueberbiegung nach
einer Seite. Bisweilen bildet sich so eine Art Strunk, von
verschiedener Länge, wie solche u. a. bei Ag. crispus Turp.
von D u t r o c h e t (l. c. Fig. 11, 12, 13) abgebildet sind. —
2) Die Pezizaform wird durch alle Lebensstufen beibehal-
ten. Bisher nur bei Ag. *pezizoides* von N e e s (1818, Nov.
Act.) und bei *cyphellaeformis* von B e r k e l e y (Smith, british flora. V. 1836; und Mag. Zool. Bot. 1837. T. 15, F. 3)
genauer untersucht. Verf. ist (mit F r i e s) geneigt, beide
als Varr. des Ag. applicatus Batsch zu betrachten, doch
besitzt er keine eigenen Beobachtungen über diese seltenen

Pilze. Wahrscheinlich dürfte sogar auch hier die Pezizaform nur transitorisch sein, wie vorhin. Dagegen gehört
entschieden hierher Ag. *craterellus* Lév., bisher nur aus
Algier bekannt, vom Verf. im Dép. du Gard aufgefunden
und S. 9 in allen Stufen abgebildet. Das Hymenium entwickelt sich auf dem Scheitel eines Stroma von Nadelkopf-
form; im Centrum der Scheibe ist ein kleiner Zapfen, von
welchem die Lamellen ausstrahlen. Steht der tragende
Zweig senkrecht, so weist das Hymenium nach unten;
andernfalls nach oben. (Vgl. auch Schizophyllum bei Bul-
liard t. 346 und 581. Ref.)

M. Rees, Dispositio *uredinearum* qui in Germaniae
coniferis parasitantur. 19. 8 S. Diss. Halle 1869. Darüber
später Näheres.

Wiese, Forstmeister in Greifswalde, erörtert die
etwaige practische Verwerthung der Angaben von Bail:
über den die Raupen von Noctua piniperda tödenden Pilz:
Empusa, und von Willkomm: über den Rost der Fichten,
Chrysomyxa Abietis und Caeoma pinitorquum. (Heyer's
allgemeine Forst- und Jagdzeitung. März 1869, S. 86 und 89.)

Ein neuer Fall von *Vergiftung* durch grün *schimme-
liges Brot* mit tödlichem Ausgang ist mitgetheilt in dem
Wochenblatt der steiermärk. Landwirthschafts-Gesellschaft.
XVI. 1867, S. 120.

W. Tichomiroff, *Peziza Kauffmanniana,* eine neue,
aus Sclerotium stammende und auf Hanf schmarotzende
Becherpilz-Species, entdeckt und nach eigenen Beobachtungen bearbeitet. (Bullet. soc. naturalistes d. Moscou 1868, 2.
Mit 4 Tafeln — Nr. 4 bis 7 — und mehreren Holzschnit-
ten. p. 295—342.) Voran geht eine Schilderung des histo-
logischen Baues des Hanfstengels. Das Sclerotium wurde
im September im Gouvern. Smolensk aufgefunden, es ver-
rieth sich schon äufserlich durch einen schimmelartigen
Mycelanflug, der namentlich in der Markhöhle stark entwickelt war und vorzugsweise hier die schwarzen Sclerotien barg. Bisweilen sind die Bastfasern vollständig in ihre

Substanz eingeschlossen; die Form ist sehr verschieden; die Größe erreicht bisweilen 2 Centimeter. Wurzel und Blätter scheinen frei, auch wird die Fruchtbildung des Hanfs nicht immer durch den Parasiten verhindert. Auf der freien Oberfläche der Mycelfäden findet man Krystalle von oxalsaurem Kalke. Die Fäden durchbohren selbst die festen Bastzellen, um sich in deren Innenraum auszubreiten. Sie dringen von der Rinde her durch die Markstrahlen in das Mark. Das Sclerotium besteht aus einem lockeren Pseudoparenchym, in dem man einzelne sich kreuzende Fäden oft auf weite Strecken verfolgen kann. Die constituirenden Fäden vermehren sich durch Zweigbildung mittelst seitlicher Ausstülpung unter häufigen H förmigen Verschmelzungen, worauf Verdickung der Zellwände eintritt. Daneben bleiben mehr oder weniger lufthaltige Interstitien bestehen. Aus diesen Sclerotien entstanden bei der Cultur schon im November die Pezizen, welche unter Berstung der Rinde aus dem Marke derselben hervorbrechen, anfangs als zugespitzte Cylinder. Die Zahl derartiger Sprosse schwankte zwischen 2 und 7 aus einem Sclerotium, sie wenden sich stetig dem Lichte zu. Viele gingen über Winter zu Grunde und erst im April des folgenden Jahres trat wirkliche Fruchtbildung ein, wobei sich die Fruchtträger bisweilen verzweigten. Der Bau dieser letzteren zeigt nichts Abweichendes, doch werden Luftinterstitien hier meist nicht angetroffen. Ihre Oberfläche bildet eine dunkle secundäre Rinde. Auch in ihnen findet man die Krystalle, welche dagegen im ruhenden Sclerotium fehlen, also erst als Product der vegetativen Thätigkeit auftreten; so hat der Verf. auch bei Claviceps purp. und microc. Krystalle zwischen den Gewebeelementen des Sclerotium erst zur Zeit der Sphärienbildung aufgefunden. Geschlechtliche Vorgänge, an Pez. confluens und Ascobolus erinnernd, konnten nicht nachgewiesen werden. — Im Nachtrage beschreibt der Verf., daß außer den langgestielten Pezizen, nachdem diese zu Grunde gegangen waren, auch fast *stiel-*

lose mit weit *gröfseren* Bechern ausgebildet werden können (Abb. S. 338), von hellbrauner Farbe und ¹/₂ Centimeter Durchmesser; hier herrschten die Asci vor, im vorigen Falle die Paraphysen; diese Form wird vom Verf. als unvollkommen betrachtet, ihre Sporen keimten nicht, während jene der gröfseren Form diefs thaten, sogar mitunter schon innerhalb der Asci. Solches Keimen sei keine Eigenthümlichkeit dieser Pezize, sondern auch bei Claviceps micr. beobachtet worden, und zwar, soviel der Verf. weifs, von ihm zuerst. [Diefs beruht auf ungenügender Kenntnifs der betreffenden Literatur.] Ein Zellkern konnte bei der Sporenbildung nicht sicher nachgewiesen werden. Die acht Sporen bilden sich simultan.

M. Popper, über den Einflufs pflanzlicher *Parasiten* auf die Entstehung von *Krankheiten* bei Menschen. Mit 1 Taf. Abb. (Lotos XVIII. 1868. Prag. S. 4—10.) Referat über Favus, Cholera und dergleichen, meist nach Hallier. S. 7 wird nach Rosenstein ein Fall erwähnt, wo Bronchitis putrida allem Anscheine nach durch Ansteckung übertragen wurde; dabei trat Oidium albicans bei den Patienten auf, dem ansteckenden und dem angesteckten. Nach Salisbury werden als fiebererzeugend die „Palmellagattungen Gemiasma, Protuberans und Lamella" aufgeführt (S. 8). Die Tafel stellt dar F. 1, Elemente des Favuspilzes; 2, Conidien desselben; 3, keimende Conidien; 4, Penicillium gl.; 5, Aspergill. gl.; 6, Microsporon furfur (Pilz bei Pityriasis); 7 und 8, Soorpilz, Oidium albicans; 9, Pilzfaden von Diplosporium fuscum mit „Sporangien" (von Diphtheritis); 10, Sporenkette und Sporangium auf diphtheritischen Membranen; 11, Keimpflanze des Diplosp. in Glycerin; 12, Cysten aus Cholerastühlen; 13, dieselben gelatinös aufgequollen und zerfallen; 14, Hefecolonien und ein Sporenhäufchen aus einer kleinen Cyste. — Dazu ein Nachtrag S. 36. Schurtz in Zwickau fand in *Cholerastühlen* u. a. zahlreiche weifse Mycelfäden mit mucorähnlichen Kapseln, wie sie bis jetzt in Cholerastühlen noch nicht gefunden worden sind. Derselbe machte auch Culturversuche mit Vaccine, Scharlach und dgl., worüber kurz berichtet wird.

L. de Hohenbühel, cogn. Heufler de Rasen, Pilze in dem Specimen florae cryptogamae septem Insularum (Verhandl. d. zool. bot. Ges. in Wien. XVIII. 1868. 427 S.). 47 Species von den jonischen Inseln, darunter Ag. olearius, Schizophyllum c., Polyp. Schulzeri K., Clavaria rugosa, Morchella conica, Ascobolus testaceus Wallr., Clathrus cancellatus auf Corcyra, Leucadia; Tulasnodia fimbriata, Geaster hygrometricus, Spumaria alba, Aecidium Crossae DC., Graphiola Phoenicis auf Leucadia.

Carl Kalchbrenner, Diagnosen zu einigen Hymenomyceten des v. Hohenbühel-Heufler'schen Herbars. (Das. S. 429—432.) Polypor. australis Fr. In Chili, Italien, Niederösterreich. Ebenso kommt Stereum badio-album in Surinam, Chili und Croatien vor. — Pol. Hausmanni Fr., Schulzeri Kalchbr., cyphelloides Fr., Lenzites mollis Heuß.

St. Schulzer von Müggenburg, Mykologische Miscellen (das. S. 331—339.) 1) Bemerkungen über verschiedene *mykologische Werke*: Viviani's funghi d'Italia; Paulet, Batsch; von letzterem sind einige Species nach Ansicht des Verf. bei Fries unrichtig citirt. So: Fig. 40, Ag. fuliginarius B., gehört zu Pluteus; 85, Ag. cynophallus B., zu Collybia; über Mitrula cucullata; Fig. 146, Pez. sulphurea B. nicht zu campanulata, ist vielmehr eine selbstständige Art; Elvella sepulcralis B. ist Crinula nigra Bonord. [Bez. der Bemerkungen des Verf. über die bisherige unrichtige Auffassung der Bildung von Schizophyllum erlaube ich mir auf meine Analyse in Bot. Ztg. XVIII. Taf. 13, Fig. 1 zu verweisen, Ref.] — Ueber *Sphaeria hemisphaerica* A. S., wohl kein Sphaeronema (wie Fries will), sondern Locularia compressa Schulzer, „eine unzweifelhafte Spermogonienform der Sphaeria compressa P." — 3) *Neue Standorte* bekannter Schwämme. Ag. Pometi auf der Erde in Laubwaldungen, nach Fries auf Aepfelbäumen. Tympanis conspersa auch auf Fichten; wohl nicht wesentlich verschieden von T. Frangulae. Was die nach den Autoren vom zerfallenen Schleier herrührende weifse Bestäubung der Scheibe von T. consp. betrifft, so besteht solbe aus sehr kleinen, hyalinen, cylindrischen Spermatien, welche lebhaft an meine Ditiola mucida erinnern."

E. Robert ist der Ansicht, dafs „Morchella rotunda" eine auf Fraxinus- und Ligustrum-Wurzeln schmarotzende Pflanzo sei. (Bull. soc. bot. France. 1865. XII. Compt. rend. d. séanc. p. 244.)

Eine Uebersicht der sämmtlichen Arbeiten C. Montagne's (gestorben am 5. Jan. 1866) findet sich in der Revue bibl. des Bullet. soc. bot. France. XII. 1865, p. 281. Eine besondere Biographie desselben ist von P. A. Cap verfafst worden : Cam. Montagne, botaniste. in 8. de 98 pages, avec un portrait. 1866. Paris.

Passy faud die Morchella bohemica, die auch bei Paris und im Park von Halaincourt (Seine-et-Oise) nachgewiesen ist, in Gisors (Eure); und Lavallée den Clathrus cancellatus auf Arundo Donax, welche von Hyères nach Paris verpflanzt worden war. (Bull. soc. bot. Frce. XIII. 1866. Compt. rend. p. 43.)

Hénon, sur les champignons trouvés au mont Brizon (Vérgy, bei Annecy). Darunter Schizophyllum alneum Fr., von Gibraltar bis zum Nordcap verbreitet; Agar. campester, Fistulina hepatica, Hydnum repandum, Boletus edulis; Cantharellus cibarius, bis 14 Centimeter breit; Clavaria coralloides L. auf einem Hexenringe von 2 Meter Durchmesser, Agar. psittacinus (u. a. 2 mit den Hüten verwachsene Exemplare, Stiele frei); Geoglossum glabrum P., Aecidium Ariae Schleich. und Amelanchieris DC., Bovista gigantea Ns. (Bull. l. c. XIII. Session à Annecy 1866, p. CX.)

L. de Martin, sur la fermentation caséique (ib. p. CXXI), Betheiligung der Schimmel, insbesondere des Peni-

cillium glaucum, und anderer niederer Organismen (phyto-
échobies) an diesem Processe.

Ripart giebt ein Verzeichnifs der von ihm bei Annecy gefundenen Pilze (ib. CLXXXVI), darunter Schizoph.
commune, Lenzites sepiaria, Guepinia hellvelloides, Stilbum
luteum, Aecidium Pini P.

Inzenga, nuovo specie di Funghi ed altre conosciute
per la prima volta in *Sicilia*. (Giornale d. sc. nat. di Palermo, 1866. I. p. 196—207). Darunter Clathrus cancellatus, Clavaria amethystina Bull., Polypor. squamosus
Huds., igniarius, Terfezia Leonis Tul., Polysaccum crassipes DC., Geaster hygrometricus P., Scleroderma vulgare P.,
Pez. Acetabulum, Ag. olearius DC., conicus var., Bot. luridus Schaeff., Coprinus fimetarius Fr. (Nach Bull. soc.
bot. Fr.)

J. B. L. Letellier et Speneux, expériences nouvelles sur les champignons *vénéneux*, leurs poisons et leur
contrepoisons. Paris, Baillière, 1866, 30. S. 8°. Reaction
und Darstellung der scharfen Substanz und des Alkaloids.
(Ib. XIV. 1867, rev. bibl. B. p. 69.)

Aimé de Soland, étude sur les champignons de
Maine et Loire. (An. soc. Linnéenne de Maine et Loire.
1867, p. 169—192. Behandelt die Eutobasidischen, beschreibt
u. A. die Farbe der Flamme, welche die Sporen der verschiedenen Arten beim Verbrennen zeigen. (Ib. C. S. 104.)

Quinquaud, nouvelles recherches sur le *muguet*.
(Archiv phys. norm. et pathol. publ. p. Brown-Séquard.
T. 1, p. 290—305 mit 1 Taf.) Das Oidium albicans wird
Syringospora Robinii genannt, und die Einwirkung von
Chemikalien, Electricität und höherer Temperatur beschrie-
ben. Die Sporen zeigen eine ungemeine Lebensenergie.

Duby, neue *Lycoperdacee* aus Angola und Benguela,
von Welwitsch gesammelt; bis ½ Meter Durchmesser!
Hier treten die Sporen circulär durch eine Reihe kleiner
Löcher hervor. (Travaux de Bot. soc. phys. et d'hist. nat.
de Genève, Juni 1867 — Juni 1868.)

W. A. Smith, sur la' production artificielle de l'Agaricus (Volvaria) Loveianus Berk. (A. surrectus Knapp.)
Nach Journ. of. Botany 1867, Decb. p. 365, in Bull. soc.
bot. Frec. XV. 1868. F. rev. bibl. p. 209. Parasitisch
auf Ag. nebularis B. Die Substanz, welche sich so gewöhnlich auf dem A. neb. findet, ist das Mycelium des A. Loveianus, welche zu ihrer Weiterentwickelung nur einer hinrei-
chenden Temperatur bedarf.

J. de Seynes, observations sur quelques *monstruosi-
tés* chez les champignons supérieurs. (Bull. soc. bot. Frec.
XIV. 1867. Compt. rend. 3, p. 290—298 mit 2 Taf. Nr. V.
und VI.) Zuerst das Vorkommen von einem kleinen Hute
aufrecht auf einem gröfseren, was als Prolification aufgefafst wird. — Zwei Exemplare von Ag. campester, Stiel-
basen und Hüte verschmolzen, das Uebrige frei. — Ag.
sericeus Bull. mit einem kleineren Exemplar darauf, welches seitlich fast am oberen Ende des Strunkes hervortritt;
ähnlich Ag. serifluus DC. Der senkrechte Durchschnitt
Fig. 7, Taf. V zeigt durch den Faserlauf, dafs man es
hier mit einer Emergenz und nicht mit einer Verwachsung
von vorher Getrenntem zu thun hat. Aehnlich fafst der
Verf. einen sonderbaren Fall auf, wo in den Lamellen
eines Champignons unfern vom oberen Strunkende ein klei-
neres Hütchen eingesenkt war, stiellos, Lamellen nach
unten. — Fig. 1 ist eine Abb. des Ag. Aueri nach Nees
mit verzweigtem Stiele und vielen abortiven Köpfchen.
Verf. beobachtete etwas Aehnliches bei A. nanus Bull. :
nahe über der Stielbasis stehen ringsum kurze Zweige mit
abortiven Hütchen (F. 3, T. V.) Verf. ist geneigt, solche
Anomalien mit früh wirkenden Wachsthumshindernissen in
Beziehung zu bringen, wie Steinchen, parasitische Schimmel und dgl. — Bei den höchst entwickelten (Amaniten)
kommt keine Prolification vor, wohl aber Verschmelzung
am Grunde. — Fig. 9 stellt eine Peziza leucomelas P. vor,
welche auf der Aufsenfläche der Cupula eine kleinere Cupula trägt, horizontal abstehend, also die Fläche senkrecht.

— T. VI, F. 6 stellt eine Russula nigricans dar, an welcher der Hut mit den Lamellen sich nicht überall vom Strunk abgelöst und hinaufgewandt hat; vielmehr ist an einer Stelle eine Partie zurückgeblieben, welche sich nach außen und abwärts geschlagen hat, so daß die betreffenden Lamellen nach *oben* sehen. — Fig. 3 stellt eine Gruppe von Lactarien dar, wo ein kleinerer Hut mit seiner Oberfläche die schief exponirte Oberfläche eines größeren Hutes unfern dem Rande berührt und damit verwächst. Würde der kleinere Hut durch den stärker wachsenden großen Pilz von seinem Stiele abgerissen, so hätte man Hut *verkehrt* auf Hut, was mitunter vorkommt. Doch ist F. 1, 2 ein solches Exemplar von Ag. fimicola Fr. dargestellt, wo diese Erklärungsweise kaum ausreichen dürfte. Aehnlich verhält es sich mit F. 5 (nach Schäff. T. 260, 1. 2.)

J. Kühn, der Rost der Runkelrübenblätter, Uromyces Betae Tul. (Zeitschr. landw. Centr. Ver. Prov. Sachsen, 1869, Nr. 2; Bot. Ztg. 1869, S. 540). Das Mycelium kriecht zwischen den Parenchymzellen des Blattes umher und sendet, die Zellwände durchbohrend, eigenthümliche Saugorgane in das Zellinnere, wie sie bei den Peronosporeen vorkommen. Dieselben bilden anfangs einen einfachen Schlauch und erweitern sich dann an ihrer Spitze durch kleine rundliche Ausbuchtungen zu einer traubenförmigen Gestalt. Die Sporen, welche die Oberhaut durchbrechen, sind von zweierlei Form : die einen rund mit körnigem Inhalt; sie keimen in Wasser binnen wenigen Stunden : *Uredo* Betae. Diese Form vermittelt die Vermehrung des Pilzes besonders im September und October. Die zweite Form — *Uromyces* — ist rundlich-eiförmig, behält beim Abfallen ein Stückchen des Tragfadens als weißes Stielchen bei; am andern Ende ist eine kleine Erhöhung, aus welcher der Keimschlauch hervortritt, was in der Regel erst im folgenden Frühjahre geschieht. Der Keimschlauch ist ziemlich kurz und producirt secundäre Sporen, die sich nach völliger Entwickelung ablösen und selbst wieder keimfähig sind. Verf. beob-

achtete weiter, dafs auf rostigen Pflanzen, welche im
Herbste in ein Gewächshaus gebracht wurden, schon im
December als dritte Fortpflanzungsform (als Product dieser
secundären Sporen von Uromyces) ein *Aecidium Betae*
n. sp. auftrat, am Blattstiele wie auf beiden Blattflächen.
Als Vorläufer stellen sich auf Spermogonien ein. Nach
völliger Reife verstäuben die Aecidiensporen und sind fähig,
den gewöhnlichen Uredorost der Runkelrübe aufs Neue
hervorzurufen, indem sie Keimfäden in die Spaltöffnungen
der Runkelrübenblätter treiben; das so entstehende Mycelium producirt dann Uredo, nicht wieder Aecidium. — Die
normale Zeit des Aecidiums fällt übrigens in das Frühjahr.
Auch sein Mycelium besitzt die oben erwähnten Haustorien.
— Verf. meint, der Runkelrübenrost sei im Allgemeinen,
entsprechend der Ausdehnung des Rübenbaues, im Zu-
nehmen (seit 1856, wo er ihn zum ersten Male in bedeu-
tenderer Ausdehnung auftreten sah). Verf. empfiehlt zur
Beseitigung, an den zur Samentracht im Acker stehenden
Rüben im Frühling bis zum Beginne der Blüthenentwicke-
lung fleifsig nachsehen und die mit jungen Aecidien be-
sotzten Blätter beseitigen zu lassen. — Ref. beobachtete
diesen Brandpilz im October 1866 auch bei Worms in be-
deutender Menge.

Binz, über *Schimmel*bildung in Chininlösungen (Verh.
nat.-hist. Ver. der preufs. Rheinl. und Westphalen XXV,
Bonn 1868, Sitz.-Ber. S. 62 f.).

Edible fungi; Edinburgh Review, Nr. 264, April 1869,
S. 333—365. — Ein populärer Aufsatz, als Aufforderung
zum Schwämmeessen geschrieben, zunächst auf Grund der
bekannten Werke von Hussey, Berkeley Outlines, Badham, Cooke, R. Hogg und G. W. Johnson (a selec-
tion of the eatable funguses of Great Britain, London 1867?),
Worthington G. Smith (Mushrooms and Toadstools,
London 1867), Bull (illustrations of edible funguses of
Hereford, in the transactions of the Woolhope Naturalists'
field Club, Hereford 1867). Unter den zum Verspeisen

empfohlenen befindet sich namentlich Amanita rubescens
(S. 358), nach dem Zeugnisse von Badham, Miss Plues,
Worthington Smith und Cordier; alle jungen Bovi-
sta und Lycoperdon, ebenso Coprinus comatus (S. 365).

Berkeley und Broome, Notices of *british Fungi.*
(Annals and Mag. of Nat. Hist. XVIII, 1866, p. 51—56
und 121—129.) Mit Taf. 2, 3, 4 und 5, auf welchen folgende — meist neue — Arten dargestellt sind. T. 2, F. 1:
Agar. (Panaeol.) leucophanes n. sp., vgl. S. 54. Verwandt
mit separatus. — 2. Apyrenium armeniacum S. 56; vielleicht zu Hypocrea gelatinosa gehörend. — 3. Reticularia
applanata S. 56, ähnlich der Licea applanata. — 4. Trichia flagellifera S. 56. — Taf. 3, F. 5. Gloeosporium um-
brinellum S. 121. — 6. Sporidesmium opacum Cd. S. 121.
— 7. Sporid. lobatum S. 121. — 8. Psilonia discoidea
S. 122. — 9. Peziza (Helvelloid.) phlebophora S. 122. —
10. Pez. onotica, Sporen, S. 122. — 11. Pez. leporina,
Sporen, Paraphysen, S. 122. — 12. Pez. bufonia P., Sporen,
S. 123. — 13. Pez. (Humaria) rutilans Fr., Fructif., S. 123.
— 14. Pez. (Humar.) sublhirsuta Schum., Fructif., S. 123.
— 15. Pez. (Humar.) humosa Fr., Fructif., S. 123. — 16.
Pez. leucoloma, Fructif., S. 123. — 17. P. fibrillosa Curr.,
Fruct., S. 123. — Taf. 4, F. 18. P. (Hum.) brunneoatra
Desm., Fructif., S. 124. -- 19. P. (Hum.) salmonicolor
n. sp., Fructif., S. 124. — 20. P. (Hum.) haemastigma Fr.,
Fructif., S. 124. — 21. Pez. (Encoelium) fraxinicola n. sp.,
Fructif., S. 124. — 22. P. (Sarcoscyphe) pygmaea Fr.,
Fructif., S. 124. — 23. 24. Pez. (Sarcos.) radiculata Sow.,
Fructif., S. 125. — 25. P. (Sarcos.) lanuginosa Bull., Fruc-
tif., S. 125. — 26. Pez. (Sarcos.) Geaster n. sp., Fructif.,
S. 125. — 27. Pez. sepulta, Sporen, S. 126. — 28. Pez.
(Sarcos.) umbrosa Fr., Fructif., S. 126. — 29. Pez. (Sarcos.) vitellina P., Fructif., S. 126. — 30. Pez. (Fibrina)
leptospora n. sp., Fructif., S. 127. Die Sporen sind faden-
förmig, sehr lang und vielmal septirt. — 31. Pez. (Mol-
lisia) erythrostigma n. sp., Habitus und Fructif., S. 126. —

4 *

Taf. 5, F. 32. Pez. (Moll.) peristomialis n. sp., ebenso,
S. 127. — 33. Helotium pruniosum Jerd., Sporen, S. 127.
— 34. Hypomyces Broomeianus Tul., Asc. und Conidien,
S. 127. — 35. Hypom. ochraceus Tul., Fructif., S. 127. —
36. Sphaeria (Denudatae) Epochnii n. sp. S. 128, Habitus
und Analyse; auf Epochnium fungorum und zu diesem ge-
hörig. — 37. Hysterium varium Fr., Sporen, S. 129. —
38. Hyst. repandum Blox., Fructif., S. 129.

Sonst möge noch Folgendes hervorgehoben werden.
Agar. graveolens Sow., von Fries zu saponaceus gezogen,
ist nach den Verff. unzweifelhaft identisch mit gambosus.
— Cortinar. (Inol.) Bulliardi Fr. hat ein glänzend rothes
Mycelium. — Cantharellus radicosus n. spec. beschrieben
auf S. 54. — Marasm. Stephensii B. B. scheint identisch
mit M. terginus Fr. — Polypor. cuticularis Fr. Die Haare
sind an der Spitze dreispaltig. — Pol. hirsutus sehr selten
in England; von versicolor, zonatus und velutinus durch
gröfsere Poren verschieden. — Craterellus cornucop. von
ciner. sicher verschieden; S. 55 Näheres. — Sparassis
crispa! — Morchella crassipes, 9 Zoll hoch. — Pez. lanuginosa Bull. t. 396, Fig. 2, in England gefunden, sei keine
Varietät der P. hemisphaerica (wie Fries annimmt), sondern
wesentlich davon verschieden (S. 125), worüber in Linn.
Trans. Näheres berichtet werden soll. Bei eben geöffneten
Exemplaren findet man oft einen zarten Schleier über die
Oeffnung ausgebreitet. — Hypomyces ochraceus Tul. ist
wahrscheinlich identisch mit Cryptomyces aurantiacus Grev.
t. 78 und Blastotrichum puccinioides Preuss bei Sturm.

E. Hallier und F. A. Zürn, Zeitschrift für *Para-
sitenkunde*, Bd. I, H. 1, Jena 1869 (mit 2 lith. Tafeln).
Enthält I : Original-Abhandlungen. 1) L. Pfeiffer, die
Ruhrepidemie von 1868 in Weimar. — 2) F. M. Dränert
in Bahia, Bericht über die Krankheiten des Zuckerrohres
(mit Abb. Taf. 2, Fig. A, B, C). Eine „Fadenalge". —
3) E. Hallier, die Muscardine des Kiefernspinners, im
Auftrage der königl. preufs. Regierung zu Stettin und des

königl. Finanzministeriums zu Berlin untersucht. — 4)
H. Karsten, über Exobasidium Woronin. Sei als
Gonidienzustand zu betrachten. — 5) E. Hallier, über
den Parasiten der Ruhr. — II. : Kurze Mittheilungen. Ein
Typhusfall. Organismen in den geschlossenen Follikeln
der Cowper'schen Drüsen und der Tonsillen, von H. E.
Richter. — Infusorien als Hautparasiten bei Fischen. Gattine in Pommern. Untersuchung von Seidenspinnereiern
von Hallier. S. 84 ff. : Rundschau in der neueren Literatur über Parasiten in und auf dem Körper unserer Haus-
säugethiere. — III. : Literaturübersicht, S. 91 f. — IV. :
Literar. Besprechungen, S. 95 u. a. bez. Rees, Bierhefe;
Hoffmann, Bacterien; Beigel, Gährungschemie. —
Anzeigen, S. 103 f. Phytophysiologisches Privatinstitut
und Versuchsstation für die parasitischen Krankheiten der
Thiere und Pflanzen bei Hallier in Jena, S. 103. Der
volle Cursus à 25 Thlr. — Ueber S. Merz' (Frauen-
hofer) in München Mikroskope. — Vgl. Recens. von W. K.
in Götting. gelohrt. Anz. 32, 1869.

G. Inzenga, funghi siciliani. Centuria prima. 95.
p. 4. con 8 tav. col. Palermo 1869. L. 10. In einem Referate über diese Arbeit (N. Giorn. bot. it. 1. n. 3. 1869.
p. 231) wird der Mangel an Fructificationsanalysen in diesem Werke beklagt. Neue Species sind : Hydnum Notarisii, Agar. Gussonii, A. Bertolonii, A. nebrodensis, A. Citri,
A. Gemellari, Polypor. Todari. Abgebildet sind : dieselben
mit Ausnahme von A. nebrod. (schon früher abgebildet),
ferner Polyporus Inzengae, Agar. virosus, Helvella panor-
mitana, Ag. ostreatus, c. v. nigripede, Hydnum compactum,
H. crispum, Ag. velutinus, Pez. rutilans. Ein systemati-
sches Verzeichnifs der aufgeführten Arten liefert obiges
Referat (S. 232). Darunter Ag. campester, Marasm. scoro-
donius, Canthar. cibarius, Schizophyll. commune, Phallus
impudicus, Clathrus cancellatus, Geaster hygrometricus,
Scleroderma vulgare, Tulostoma mammosum Fr., Morchella
esculenta, Terfezia Leonis Tul.

O. Schmiedeberg und R. Koppe, das *Muscarin*, das giftige Alkaloïd des Fliegenpilzes (Agaricus muscarius L.), seine Darstellung, chemischen Eigenschaften, physiologischen Wirkungen, toxicologische Bedeutung und sein Verhältnifs zur Pilzvergiftung im Allgemeinen, Leipzig 1869, 8., S. 111, fl. 1. 27 kr. — Dieser Körper stellt isolirt (als freie Base) an der Luft eine geruch- und geschmacklose, stark alkalisch reagirende, farblose, syrupartige Masse dar, die im Wasser in jedem Verhältnisse löslich ist und beim Stehen über Schwefelsäure allmälig krystallinisch wird (9). Aus einer Vergleichung der Wirkungsweise dieses Giftes mit jener von Ag. phalloides, pantherinus, Boletus Satanas und Russula wird geschlossen, dafs auch bei diesen Pilzen das obige Muscarin der eigentlich giftige und überall identische Stoff sei. — In einer Besprechung dieser Untersuchungen von T. Husemann entwickelt dieser die Ansicht, dafs obiges Muscarin von dem *Bulbosin* Boudier's verschieden sei, wahrscheinlich auch verschieden von dem *Amanitin* von Letellier und Spéneux. (Götting. gelehrt. Anzeigen, 1869, S. 1818—1836). Das. S. 1830 wird erwähnt, dafs Almén ein Alkaloïd aus Boletus luridus darstellte, welches ebenfalls verschieden zu sein scheint. (Upsal. Läkare-Förenings Forhandl. II. 4. 274. 1867.) — Die Lactarii enthalten scharfe Harze als giftige Substanz nach früheren Untersuchungen von Boudier und neueren von Heller. (Wochenbl. Wiener Aerzte 1869. 5.)

Herpes tonsurans bovis, vom *Rindvieh*, leicht übertragbar auf andere, besonders junge und nach vorheriger Scarification der Haut. Schwieriger auf Pferde und Hunde. Nicht auf Schafe und Schweine! (Die Abbildung stimmt im Wesentlichen mit meiner Favusabbildung überein, Bot. Ztg. 1867, t. 6.) Vgl. A. C. Gerlach, die Flechte des Rindes (Berliner Magazin für Thierheilkunde, 1857, Heft 3). Uebertragung der Rinderflechte auf Menschen öfters beobachtet (S. 19) der Pferdeflechte dagegen sehr selten. S. 28 : Impfung durch Einreiben der Flechtenborke am Arme, erzeugte

Herpes circiuatus; dürfte auf dem Kopfe wohl Herpes
tonsurans erzeugen (wie an den mit Deckhaaren versehenen
Hautstellen bei Kindern.) Mittel (S. 30) : weifse Präcipi-
tatsalbe oder Photogen mit Oel (1 : 4). — Passende Be-
zeiohnung : Trichomykose. Heilung zuletzt auch stets
spontan, durch Selbst-Epilation. Später kommt das Haar
wieder (Zwiebel unzerstört.) — Rückimpfung von Menschen
wieder auf Rind. Selbstabgronzung wohl durch stärkere
Ausbildung einer Schuppenlage in der angrenzenden Haut
(S. 34.)

Hartig, Mittheilungen über *Pilzkrankheiten der Insecten* im Jahre 1868. (Danckelmann's Zeitschrift für
Forst- und Jagdwesen. 1869, 1. Heft, 4.)

P. Kummer, *Cordyceps* milit., auf Rügen, Raupen-
tödend in Masse. (Natur 1869, S. 23.)

Buhse über *Xyloma s. Graphiola Phoenicis*; Vorkommen in Riga. (Corresp. Blatt des Naturf. Ver. zu Riga.
XVII. 1869, S. 110.)

J. Bialoblocki und L. Rösler, zur Hefefrage, 1869.
Annalen der Oenologie. I. Heft 1.

J. Peyritsch, Beitrag zur Kenntnifs des *Favus*.
(Medicin. Jahrb. II. Heft 1869. S. 61—80. 8.) Bekanntlich weifs man seit Schönlein, dafs der Erbgrind (Favus, Porrigo favosa, Porrigo lupinosa, Tinea favosa), welcher schon seit den ältesten Zeiten für ansteckend galt,
durch die Vegetation eines Pilzes, des Achorion Schönleinii
Remak, bedingt wird. Remak gelang es, durch Impfung
die Krankheit auf seinen Arm zu übertragen, doch nicht
sehr vollständig, so dafs er annahm, es bedürfe zu deren
vollkommener Ausbildung einer besonderen Prädisposition.
Köbner war etwas glücklicher in seinen Bemühungen
bezüglich der künstlichen Uebertragung. Pick bewirkte
durch Aussaat von Penicillium glaucum auf die Haut her-
pesartige Efflorescenzen; Lowe hält den Favus-Pilz und
die verwandten für Aspergillus glaucus. Hallier hat zu
verschiedenen Zeiten verschiedene Ansichten über die be-

treffende Materie vorgetragen, welche S. 63 erwähnt werden; eben da die Beobachtung des Ref., wonach aus Favus ein Mucor gezogen werden kann, abgebildet in der Botan. Zeitg. 1867, Taf. 6. Zürn will einen von Favus nicht unterscheidbaren Grind an einem Kaninchen nach der Aussaat von Penicillium glaucum erzeugt haben. „Wissenschaftlich konnte keine dieser Angaben begründet werden", meint der Verf. Auch seine eigenen ersten Versuche blieben erfolglos, wobei er Favus-Borken (Conidien) mittelst einer Impfnadel unter die Epidermis des Vorderarms brachte oder unter die durch ein Cantharidenpflaster aufgehobene Oberhaut einschob. Es bildeten sich weder Favus-Scutula, noch Herpes-Gruppen, auch nicht nach vier Wochen. Verf. versuchte daher die Sporen oder Conidien direct in den Haarfollikel zu schaffen, was sich leicht ausführen läfst, wenn man mittelst einer feinen Nadel unmittelbar an der Austrittsstelle des Haares in den Haarfollikel einsticht und einen Tropfen Wasser, in welchem man zerriebene Partikel einer Favus-Borke mehrere Stunden liegen gelassen hat (bis durch die vollständige Erweichung der Borke und Suspension einzelner Zellen starke Trübung und gelbliche Färbung desselben eingetreten sind) — auf die Impfstelle bringt und die Verdunstung des Tropfens hierauf abwartet. Alle Impfungen wurden mit unmittelbar vom Kopfe favus-kranker Individuen herabgenommenen Favis ausgeführt. Dieses Verfahren befolgend, machte Verf. auf der Streckseite seines Oberarmes drei Stiche, ohne dafs ein Tropfen Blut hervorquoll. Schon nach drei Wochen traten in der Regel (nicht immer) Favus-Schildchen zu Tage und einzelne Haare begannen auszufallen, indem sie im Innern Pilze enthielten; in anderen Fällen entstand ein Krankheitsbild, welches als eine Combination von Herpes tonsurans und Favus erschien.

Auch auf die unverletzte Epidermis nahm der Verf. Aussaaten vor, indem er durch während des Tages mehrmals gewechselte feuchte Umschläge, durch 1—4 Wochen unausgesetzt angewendet, die Oberhaut zu maceriren und dadurch empfänglicher zu machen suchte. Auch hier entstanden Herpes-Efflorescenzen, die sich bald mit Favis bedeckten. Die Scutula, welche sich indefs nicht unter den feuchten Umschlägen bilden können (78), hatten bis zwei Linien Durchmesser. Heilung erfolgte von selbst. Auch bei Kaninchen gelang die Impfung, indem Favus-Sporen auf seicht excoriirte Stellen gebracht wurden. — Ferner stellte Verf. Versuche gleicher Art an mit Penicillium gl., Aspergillus glaucus, fumigatus (fructificirend aus dem Magen einer an Peritonitis verstorbenen Frau entnommen), Mucor racemosus, Oidium lactis, Empusa Muscae, entweder durch Impfungen mit der Nadelspitze, oder indem er die Sporen derselben auf gröfsere Hautstrecken aussäete und mehrere Wochen hindurch unausgesetzt feuchte Umschläge auflegen liefs; allein es kamen weder jemals Herpes-Gruppen noch Favi zum Vorschein, selbst nicht einmal irgend merkliche Myceliumbildung. — Bei der Cultur der Favi entwickelte sich in einer Eprouvette Penicillium glaucum oder Mucor racemosus, einmal reiner Stysanus Stemonitis. Auf Citronenstückchen, im Culturapparate selbst gekocht, entwickelte sich nach der Einsaat kein Pilz irgend welcher Art.

Das normale Favus-*Scutulum* (S. 75) wächst in die Breite und Dicke durch Anlagerung von concentrischen schalenförmigen Schichten. Die änfserste Schichte ist dichter, fester zusammenhängend und besteht aus einem engen Geflechte gabelig sich verästelnder, septirter, zuweilen anastomosirender Hyphen, von denen radial Mycelfäden ausstrahlen (septirt oder scheidewandlos), welche sich zwischen Epidermis- oder Eiterzellen hindurchdrängen. Die vom Mycelgeflechte eingeschlössene Masse besteht fast nur aus Conidien. Diese wachsen günstigen Falls zu einfachen oder gabelig verzweigten Hyphen aus, die selbst wieder Conidien abschnüren können. Länger als durch einen Monat wachsen die Scutula nicht in die Breite. Zuletzt wird die ganze Masse, aus Schuppen, vertrocknetem Exsu-

dat und Favis zusammengebacken, durch einen Entzün-
dungswall und nachfolgende Eiterung abgehoben, worauf
Heilung ohne Narbe erfolgt.

Spontane Verbreitung von der Impfstolle aus fand
nicht statt, woraus zu schliefsen, dafs der Favus bei weitem
nicht so ansteckend ist, als man annimmt. Offenbar geschieht die Weiterverbreitung des Erbgrindes am behaarten
Kopf durch die Patienten selbst, indem sie wegen des oft
heftigen Juckens zu kratzen genöthigt sind und sich Ex-
coriationen am Kopfe erzeugen. Auch die Fingernägel
können darunter leiden (78).

M. Rees, die *Rostpilzformen* der deutschen *Coniferen*,
zusammengestellt und beschrieben. Mit zwei Tafeln. (Abhandl. d. Naturf. Gesellschaft zu Halle. Bd. XI. 1869. 4.)

Diose Pilze sind zum Theil durch das ganze Areal
des zugehörigen Wirthes verbreitet, so z. B. Chrysomyxa
Abietis von Dorpat bis Graz und Freiburg i. B., Aecidium
Pini W. Pers., Aecid. strobilinum und elatinum. Verzeichnifs der abgehandelten Arten und Formen.

I. Arten mit festgestelltem Generationswechsel : 1) Gymnosporangium fuscum DC. Oerst., wozu Röstelia cancellata
Rebent.; 2) clavariaeforme Jacq. DC. Oerst. mit Röstelia
penicillata und lacerata, welche wahrscheinlich zusammen-
gehören; 3) conicum Hedw. f., DC. Oerst. mit Aecid. cor-
nutum P. II. Isolirte Teleutosporenform mit nachgewiese-
ner unmittelbarer Reproduction : 4) Chrysomyxa Abietis.
Accidium unbekannt. Teleutosporen meist einmal dichotom
verzweigt. Bei dieser Gelegenheit werden die von Willkomm hier gesehenen Micrococci für Oeltröpfchen aus
dem Zellinhalt erklärt; das Mycelium lebt zwei Jahre in
der Nadel und wandert nicht weiter. Der Pilz veranlafst
verfrühte Ablagerung von Amylon in der Nadel; die Nadeln fallen bald — meist vertrocknet — ab. Der Pilz behält Pflanzen jedes Alters. Schädlichkeit unbedeutend (vgl.
auch Bot. Ztg. 1868, S. 75). Die Keimfäden der Chrysomyxa dringen in ganz junge Fichtennadeln (mittelst Durch-

bohrung der Epidermis), nicht aber in Nadeln von Kiefern
und Weilstannen (S. 37). III. Aecidien von noch unbe-
kannten Teleutosporen-Arten.

A. Gruppe der Peridermien Fr. auf Rinde und Nadeln
von Coniferen; Peridien sackartig, unregelmäfsig
aufreifsend. Die Keimung der Sporen ist bekannt
und zeigt nichts Eigenthümliches; unbekannt ist
ihr Eindringen in den Wirth.

a) Sporenreihen ohne Zwischenstücke; (5) Aecidium
elatinum AS.) In Hexenbesen und Rindenkrebs
der Weifstanne.

b) Sporenentwickelung mit gallertig membranösen
Zwischenlamellen; 6) Aecidium Pini, auf Nadeln
und Aesten von Kiefern.

c) Sporenentwickelung mit engeren Zwischenzellen;
7) Aecidium abietinum auf frischen — erstjähri-
gen — Fichtennadeln; geht nicht in die Zweige
über, also nicht perennirend. [Dem entsprechend
bemerkte ich an einem schönen Hexenbesen der
Fichte im Sommer 1869 keine Aecidiumsporen.
Was ihn veranlafst hat, ist mir noch unbekannt. Ref.]; 8) columnare mit unbekannter
Keimung; 9) coruscans in Schweden.

B. Zapfenbewohnende Formen; 10) Aecidium conorum Piceae u. sp. auf Fichten; steht vielleicht in
Beziehung zu Chrysomyxa; Sporen mit frühzeitig
verschwindenden Zwischenzellen; und 11) Aecidium
strobilinum, Phelonitis st., Perichaena st.; Keimung
der Sporen unbekannt (Oersted's defsfallsige
Beobachtung wird für irrig erklärt.) Schon auf
jungen, noch grünen Zapfen vom Verf. nachgewiesen. Auch hier sind die Sporen anfangs durch
dünne Gallertschichten getrennt. Ob Beziehung zu
Chrysomyxa?

IV. Uredoformen unbekannter Teleutosporen-Arten.
12) Caeoma pinitorquum, mit unbekannter Keimung; 13)

Caeoma Abietis pectinatae n. sp. ebenso, nur die äufsere
Form bekannt. Die Caeomen haben reihenweise Sporen,
wie Aecidium, doch keine Peridie.

Einleitend bei jeder Art ein historischen Ueberblick
der Entwickelung des Artbegriffs, wobei sich zeigt, dafs
dieselben mannigfaltig hin und hergeworfen worden sind.
Die als Nebenform zu I. gehörigen Röstelienformen sind,
wie es scheint, auf die Pomaceen (vorzugsweise Blätter)
beschränkt, kommen aber bei diesen auf einer ganzen Reihe
von Arten vor. (S. 11, 21, 68). Ueber die Bedeutung der
zugehörigen Spermogonien und Spermatien auf der Ober-
seite der Blätter ist nichts weiter bekannt geworden. Wie
die Aecidiumsporen in die Juniperuspflanzen eindringen,
ist noch nicht ermittelt; während umgekehrt aus Gymno-
sporangiumsporen Aecidien durch Uebertragung gezüchtet
worden sind (Oersted). (Die aufserdeutschen indefs, G.
macropus Lk. und Sabinae Fr., sind noch nicht bezüglich
ihres Generationswechsels untersucht.) Verf. sucht in die
Confusion der Nomenclatur bei Gymnosporangium (inclu-
sive Podisoma) Ordnung zu bringen, was grofse Schwierig-
keiten hat, indem man sie bisher nach dem Wirthe zu be-
nennen pflegte : Sabinae, Juniperi communis u. s. w. Da
aber ein und dasselbe Gymn. auf mehreren Juniperus-
arten, ja selbst auf Pinus vorkommt, da ferner ein und
derselbe Juniperus mehrere Gymnosporangien beherbergt,
so ist die Unzulänglichkeit dieser Bezeichnungsweise evident.
Verf. geht deshalb auf die ältesten sonst vorhandenen
Bezeichnungen zurück und kommt somit im Wesentlichen
mit der von Decandolle adoptirten Nomenclatur überein.

In praktischer Beziehung sind die G. von geringer
Bedeutung. „Das Mycelium der Teleutosporenformen ver-
ursacht an den Bildungsstätten seiner Fruchtlager spindel-
förmige Anschwellungen der befallenen Aeste und Zweige;
die Holzbildung wird dadurch nicht beeinträchtigt, die
Rinde nur sehr local geschädigt. Die Aecidien bedingen
abnorme Gewebewucherung und Stärkeablagerung im chloro-

phyllführenden Parenchym; wirklich schädigend dürfte indessen höchstens das Birnbäume bewohnende Accidium des Gymnosporangium fuscum DC. auftreten, und auch dieses nur selten, da es sich zunächst auf die Blätter beschränkt und nur selten junge — dann allerdings verktimmernde — Früchte befällt."

Abgebildet sind : Taf. 1 Chrysomyxa Abietis Ung.; Taf. 2, Fig. 1—4, Aecidium conorum Piceae; Fig. 5, 6, Sporenreihe von Roestelia lacerata; Fig. 7—10, Aec. strobilinum.

G. de Notaris e F. Baglietto, *Erbario crittogamico italiano*. Ser. II. Genova, Tip. del R. J. dei Sordo-Muti. 1868. Per Fascikel von 50 species 10 Lire. Verzeichnifs der in Fasc. 1. 2. 3 enthaltenen Species : cf. nuovo Giornale botanico italiano, vol. 1, Nr. 1. Marzo 1869. Firenze, Pellas. p. 30. Enthält von Pilzen : 35) Agaric. (Clitoc.) flaccidus Sow. 36) hirneolus Fr. 37) parilis Fr. 38) (Collyb.) tenacellus P. 39) (Pholiota) pudicus Fr. 40) Irpex fusco-violaceus Fr. 41) Clavaria alutacca Lasch. 42) Rhizopogon rubescens Tul. 43) Didymium physaroides Fr. 44) Trimmatostroma Salicis Cd. 45) Coniothyrium Pini Cd. 46) Cerebella Andropogonis Ces. 47) Puccin. coronata, sertata Kl. 48) P. Calthae cum Uredine Lk. 49) P. Scirpi cum Ured. Lk. 50) P. Virgaureae Lib. 85) Agar. (Lepiota) acutesquamosus Weinm. 86) A. (Mycen.) epipterygius Scop. 87) A. (Naucor) Vervacti Fr. 88) Coprinus fimetarius Fr. 89) Lenzites faventina Cald. 90) Hexagona Marcucciana DNt. 91) Peziza bulgarioides Rbh. 92) Blitridium Carestiac DNt. 93) Dermatea Cerasi Fr. 94) Trochila Craterium Fr. 95) Naevia Lauri Cald. 96) Hypoderma virgultorum, Vincetoxici Dub. 97) Lophodermium arundinaceum Dub. 98, Dothidea Sambuci hippophaeos Erb. cr. it. 99) Aecidium Leucoii Bals. DNt. 100) Capitularia myelospora Ces. 136) Agar. (Omphal.) griseus Fr. 137) A. Sementino Viv. 138) A. Hebeloma) auricomus B. 139) Craterellus lutescens Fr. 140) Polyporus biennis, rubescens Fr. 141) Hypochnus Mi-

chelianus Cald. 142) Hypoxylon repandum Fr. 143) H.
Michelianum DNt. 144) Diatrype aneirina Fr. 145) Erysiphe
communis, Umbelliferarum Lk. 146) Excipula Eryngii Cd.
147) Exoascus deformans Berk. 148) Fusarium lagenarium
DNt. 149) Pileolaria Terebinthi. 150) Uredo caricina DC.
Diagnosen der neuen Species. Darunter Pilze, Nr. 90,
92, 98; vgl. im Auszug n. Giorn. bot. ital. 1869, I. Nr. 1.
p. 35.

Fasc. 4 enthält : 188) Agar. (Hebel.) geophyllus Fr.
189) Hygrophorus fusco-albus Fr. 190) Bolet. subtomento-
sus L. 191) Clavaria cristata, ambigua Pass. 192) Helotium
lenticulare, humicolum Fr. 193) Hypoderma Lauri Dub.
194) Lophodermium arundinaceum Chev. 195) Tuber ma-
crosporum Vitt. 196) Puccinia Prostii Moug. 197) P. Asari
KS. 198) P. arundinacea Hedw. 199) P. Nolitangeris, cum
Uredine Cd. 200) P. Convolvuli Cast. — Diagnose von 191,
vgl. p. 135 des u. Giorn. bot. ital. 1869, I. Nr. 2.

B. Seemann, *Journal of Botany.* 1868, VI. Enthält
Mykologisches : W. G. Smith, Morchella crassipes P.,
new british Morel, p. 1. — F. W. Gissing, a new british
Fungus, p. 28. — W. G. Smith, new or rare hymeno-
mycetous Fungi of the british flora, p. 33, Taf. LXXV
und LXXVI. — J. W. Gissing, Dothidea Pteridis,
p. 59. — Russell, Anna. List of some of the rarer
Fungi found near Kenilworth, p. 90. — W. G. Smith,
Boletus fragrans Vitt., a new british Fungus. Taf. 84,
p. 289. — W. G. Smith, new and rare british Fungi;
p. 334.

L. Caldesi, *Lensites* faventina n. sp. c. dgns. (n.
Giorn. bot. it. 1, Nr. 2, p. 133.)

Roze, observations sur le Claviceps purpurea. (Bull.
soc. bot. France. 1868, XV. fsc. 1, p. 19.) Wahrscheinlich
gehört auch hierher : A. Rivière, sur l'origine de la
fumagine, appellée aussi morfée, maladie du noir (das. p.
12), — und E. Roze, Contribution a l'étude de la fumagine, appellée aussi morfée, maladie du noir (das. p. 15).

Bail, über *Pilzepizootien* der forstverheerenden Raupen. Danzig 1869, mit 1 lithogr. Tafel. 8. Im Eingange macht B. auf eine bisher übersehene ältere Arbeit von G. v. Frauenfeld aufmerksam, wonach dieser die Raupen mehrerer Schmetterlinge unter Erscheinungen zu Grunde gehen sah, welche bestimmt auf Affection durch *Empusa* hinweisen. (Ueber die Mittel, welche in der Natur zur Verhinderung übermäfsiger Raupenvermehrung stattfinden, in Haidinger's Berichten über die Mittheilungen von Freunden der Naturwissenschaften. V. 1849.) Bereits ist das Vorkommen der Empusa auf Insecten aller Abtheilungen constatirt, mit Ausnahme der Netzflügler. — Dazu kommen noch Amphibien und Fische, wo sie als Saprolegnia auftritt. — Ueber *Isarien.* Die vier Typen, in welchen sie auftreten, sind nach de Bary (Bot. Ztg. 1867, Nr. 1—3) 1) Die s. g. Botrytis Bassiana; Conidien rund, in Knäueln, succedan köpfchenweise abgeschnürt. Bildet Ueberzüge, Polster oder Keulen auf den befallenen Raupen. 2) Conidienform der Cordyceps militaris. 3) Isaria farinosa Fr. Conidien alle rundlich. 4) Isaria strigosa Fr.? Verf. fand anfangs und in der Regel im Freien nur solche Isarienformen, welche beiden letzten Arten am nächsten kommen, mit Ketten aus runden oder aus länglichen Conidien. Isaria farinosa von Puppen der Forleule, in die Ohren von lebenden Kaninchen geimpft, ergab ein negatives Resultat. (Vgl. Lissauer's Aufsatz in der Berliner klin. Wochenschrift 1868, Nr. 38.) Eine eingehende Untersuchung hat nun den Verf. überzeugt, dafs die Isaria farinosa nichts anderes sei, als ein winziges Penicillium, ja dafs sie alle charakteristischen Merkmale mit Penicillium glaucum gemein habe, S. 8. [Das Vorkommen — auf lebenden Organismen — wäre neu. Ref.] Eine genaue Vergleichung mit Abbildungen ist hier angeschlossen. In einem Falle beobachtete Verf. auf einer Puppe bläulich-graue Isariakeulen, wodurch die Uebereinstimmung auch in der Farbe wenigstens angedeutet ist. Auch Verticillium corymbosum Lebert scheine hierher zu gehören. In einem später erst beobachteten Falle (11) fand der Verf. auch die zu Cordyceps militaris gehörige Isarienform. Hier ist die terminale Conidie cylindrisch gestreckt, die folgenden sind kugelig. — S. 12 folgt ein Referat über H a r t i g ' s (in Neustadt-Eberswalde) einschlägliche Beobachtungen, wobei sich bezüglich der Häufigkeit der Tödung durch angebliche Claviceps bedeutende Verschiedenheiten von des Verf. eigenen Beobachtungen ergeben.

S. 16 f. wird ein Fall beschrieben, wo zahlreiche Raupen (Bombyx Pini von Balster bei Callies) im Freien durch das im Innern des Körpers wuchernde Mycelium von Cordyceps militaris oder von Isaria getödet waren. Charakteristisch ist hier die elastisch-lederartige Beschaffenheit der Haut; zuletzt wird das Thier aber brüchig, fest, im Innern ist es dann erfüllt mit einem röthlich-grauen oder gelblichen, in der Peripherie grünlichen Pilzmarke. — Der Forstmann kann auf die Hülfe dieser Pilze nicht rechnen; sie kommen viel zu selten in Masse vor. Die Entwickelung geht zudem sehr langsam vor sich. Ein Fall, vom Verf. beobachtet, zeigte anfangs Isaria farinosa, dann entstand auf der Raupe Cordyceps über einen Zoll lang (S. 12, 22), aber es bedurfte dazu beiläufig drei Monate.

Die beigefügte Tafel enthält Abbildungen von Penicillium glaucum, worunter Fig. 15 den Verf. veranlafst, einen Uebergang von Pen. in Mucor für wahrscheinlich zu halten; ferner Conidien von Cordyceps mil., Isaria farinosa, Botrytis Bassiana.

A. M a y e r, über den Bedarf des *Hefepilzes* (Saccharomyces Cerevisiae) an Aschobestandtheilen. (Landwirthsch. Vers. Stat. 1869, XI. 6. S. 443—461.) — Weitere Fortsetzung der Versuche, über welche oben berichtet ist. — Verf. kommt zu folgenden Ergebnissen. Der Hefepilz bedarf zu seiner vollkommenen Ernährung aufser Wasser, Zucker und einem Ammoniaksalz unzweifelhaft des phosphorsauren Kali's und sehr wahrscheinlich eines Magnesium-

salzes. Jedoch steht der Procefs der Gährung in einer
innigeren Beziehung zu dem ersteren Salze, insofern gewisse Gährungsintensitäten erreicht werden können bei
Ausschlufs von Magnesiumsalzen, was umgekehrt nicht der
Fall ist. — In Flüssigkeiten, die aufser Zucker und Wasser
nur saures phosphorsaures Kali und phosphorsaure Ammo-
niakmagnesia enthalten, aus denen alle übrigen Körper
bis auf zu vernachlässigende Spuren ausgeschlossen sind,
gelingt es, ziemlich intensive Gährungen von langer Dauer
bei anscheinend normaler Ernährung des Hefepilzes einzu-
leiten, ohne dafs bisher in solchen Gemischen eine Gährung beobachtet wurde, die mit Sicherheit auf *beliebig*
grofse Mengen von Flüssigkeit übertragen werden kann.
Diefs letztere gelang dagegen in Gemischen, welche aufser
Zucker und Wasser salpetersaures Ammoniak, phosphorsaures Kali, schwefelsaure Magnesia und phosphorsauren
Kalk enthielten, während sich dabei nicht entscheiden
läfst, ob dieser Erfolg der Anwesenheit von Schwefelsäure
und Kalk, oder nur der günstigen chemischen Form der
Mischung zuzuschreiben ist. Calcium und Schwefel sind
entweder entbehrliche Bestandtheile des Hefepilzes, oder
es kommt denselben doch nur eine sehr untergeordnete
Function bei der Ernährung desselben zu. Das Protoplasma
der Hefezellen mufs unter Umständen so aufserordentlich
arm an Schwefelverbindungen sein und kann gleichwohl
seine Functionen der Zelltheilung so vollkommen vollziehen,
dafs der Satz: das Protoplasma jugendlicher Neubildungen
sei stets eiweifsreich, jedenfalls aufgegeben werden mufs,
wenigstens so lange man unter Eiweifskörpern schwefel-
haltige Körper versteht.

Hofmeister, Bewegung der *Plasmodien* von Myxomyceten. Es treten hier nach dem Verf. Beeinflussungen
durch die Schwerkraft deutlich hervor, und zwar in doppel-
ter, einander entgegengesetzter Natur. Die Körpermasse
der Plasmodien folgt zu Zeiten passiv dem Zuge ihrer
Schwere; zu Zeiten steigt sie, irgend einem festen Körper

angeschmiegt, aufwärts; selbst an senkrechten oder über-
hängenden Flächen. „Die Plasmodien senken sich in ihrem
Substrat periodisch abwärts, periodisch bewegen sie sich
in demselben aufwärts und kriechen auf dessen Oberfläche
hervor. Diese Ortsveränderungen finden auch bei völligem
Ausschlusse des Tageslichtes und bei gleichbleibender Temperatur statt. Ich habe Plasmodien von Stemonitis fusca,
welche in Sägemehl lebten, das in einem völlig finsteren
Raume (grofsen Blechkasten) gehalten wurde, binnen 48
Stunden zweimal in die Unterlage versinken und aus derselben wieder hervortreten sehen, während die Temperatur
der Sägespähnmasse nur zwischen + 19 und 20,5° C.
schwankte. Plasmodien von Aethalium septicum zeigten
mir unter ähnlichen Verhältnissen vier Tage lang Aende-
rungen des Niveau, innerhalb deren sie in Gerberlohe besonders reichlich augehäuft waren. Bald sammelten sie
sich an und auf der Oberfläche, bald in der Tiefe einiger
Zolle. In horizontaler Richtung änderten sie dabei kaum
merklich den Ort; sie erhielten sich in einer grofsen Masse
von Lohe ungefähr auf derselben, handtellergrofsen Stelle;
nur zu verschiedenen Zeiten in verschiedener Tiefe. (Andere Beobachter haben dieselben wiederholt horizontal
fortkriechen sehen. Ref.) Auf einer planen geneigten
Unterlage, einer Glas- und Metallplatte z. B., kriechen die
Plasmodien von Aethalium septicum in völliger Dunkelheit
zeitweilig nach abwärts, zeitweilig (und zwar im Allgemeinen öfter) schlagen sie die entgegengesetzte Richtung ein.
Die Zeitfristen, während deren die eine oder die andere
Richtung eingehalten wird, sind sehr ungleiche. — In einem
aus zwei Uhrgläsern von je 25 Centimeter Durchmesser
gebildeten linsenförmigen Hohlkörper, der 150 mal in der
Minute um seine Achse sich drehte und in welchem, auf
feuchtem Papier, zahlreiche Plasmodien von Aethalium
septicum sich befanden, sammelten sich die meisten im
Centrum, dort zusammenfliefsend. Einzelne Massen aber
wanderten nach der Peripherie und gingen selbst durch

die Fuge zwischen beiden Hohlgläsern hindurch. — Die
Plasmodien der Myxomyceten erhalten die Fähigkeit, dem
Zuge ihrer Schwere entgegen den Ort zu verändern, beim
Herannahen der Fruchtbildung in eminentem Grade. Dann
treten sie unter allen Umständen auf und über die Oberfläche ihres Substrates und oft kriechen sie zoll- und fufs-
hoch an festen Körpern empor. Stemonitis fusca, die
schon während der vegetativen Periode ihre besonders
zähflüssigen Plasmodien nicht selten in hohen, mit halb-
kugeligen oder paraboloidischen, mit vielen Spitzen und
Zipfeln besetzten, fortwährend die Gestalt ändernden Massen über die Unterlage erhebt, erklettert bei der Fruchtbildung in der Regel die höchsten in der Nähe befindlichen
Punkte. Sie steigt z. B. an Topfpflanzen, welche in das
von ihr bewohnte Sägemehl gestellt sind, bis auf die Spitzen
der höchsten Blätter, die dann von der Last der sich an-
sammelnden, zu Früchten werdenden Masse nach abwärts
gebogen werden. (Ref. sah in einem solchen Falle die
Plasmodien von Aethal. sept. auf einem Blatte von Ficus
elastica in den feinsten Dendriten strahlig verästelt sich
ausbreiten und so erstarren; ebenso auf der Aufsenfläche
eines feuchten Blumentopfes.) Ich sah Fruchtgruppen
dieses Pilzes auf 10 Centimeter über dem Boden er-
habenen, frisch grünen Blättern einer jungen Lobelia. Die
zu Fruchtkörpern zusammentretenden Plasmodien von
Aethalium septicum steigen nicht selten aus Lohbeeten an
den in diese eingesetzten Topfgewächsen empor. Ich sah
eine faustgrofse noch weiche Masse davon auf einem Blatte
einer Strelitzia Reginae drei Fufs über der Oberfläche des
Lohbeets. Sie war durch einen dünnen Strang mit einer
etwa ½ Fufs tiefer auf dem Blattstiel sitzenden, etwa
haselnufsgrofsen Masse verbunden, welche allmählich in die
gröfsere obere überflofs, worauf der Strang eingezogen
wurde." (Hofmeister's Morphologie 1868, S. 582).
Ebenda S. 625 wird der bestimmende Einflufs des *Lichtes*
auf die Fortbewegung der Plasmodien erörtert; anfangs

meist vom Lichte weg, bisweilen die Richtung umkehrend
und zwar in unregelmäfsigen Zeiträumen. S. 630 wird die
Erklärung für das Auf- und Abwärtskriechen der Plasmodien in einem Wechsel des Wassergehaltes gefunden. Bei
Strömung eines Plasma in *constanter* Bahn wird jeweilig
eine gröfsere Menge des Protoplasma in derjenigen Region
verweilen, nach welcher hin der Einfluſs der Schwerkraft
die Partikel des Protoplasma dirigirt; bei Strömung in
wechselnden Richtungen wird eine geringere Quantität des
Protoplasma aus dieser Region hinweg, als ihr zugeführt
werden. Siehe auch S. 631 über das Verhalten eines
Tropfens von Stemonitisplasmodium auf horizontaler Unterlage; in der Mitte senkrechte Protuberanzen, seitlich ge-
neigte.

M. C. Cooke, A Handbook of *british fungi* in 1 vol.
small 8; containing full descriptions of all known species
of british fungi, with illustrations of the principal genera,
and references to figures of the species. (In course of
preparation, ¹/₂ guinea for subscribers; adr.: Mr. M. C.
Cooke, 2 Junction Villas, upper Holloway, London, N.)

L. Letzerich, Beiträge zur Kenntnifs der *Diphtheritis*. (Arch. f. pathol. Anat. v. Virchow. 45. Bd. 3. u.
4. Jan. 1869, S. 327—333; mit Abb. Taf. 14, Fig. 1—5,
Sporen und Mycelfäden darstellend.) Verf. untersuchte
frische Exsudatmembranen aus der Kehle erkrankter Kin-
der und fand auf denselben kleine und gröfsere Pilzsporen;
die kleinen erinnern an jene von Penicillium, die gröfseren,
gelblich bis bräunlich von Farbe, gleichen gekörnelten
Pollenkörnern und werden auf Mycelfäden terminal abgeschnürt, welche tief bis in das Schleimnetz eindringen und
nach seiner Ansicht die Entzündung durch Reizung
veranlassen. Verf. hält die verschiedenen Sporen für verschiedene Altersstufen und zieht den Pilz zu Zygodesmus
(fuscus?), einem Pilz, der sonst auf morschem Holze und
dergleichen vorkommt. Die Ansteckung geschehe durch
trockene Sporen, im Staube der Zimmer enthalten, wohin

sie früher von den kranken Kindern durch Ausspucken oder Erbrechen gelangt sein konnten. Es ist diese Keimung oder Wiederbelebung trockener Pilzsporen eine Eigenthümlichkeit „aller niederen Organismen. Sind ja doch höher stehende Pflanzen, die Laubmoose (!), selbst nach jahrelangem Trocknen zwischen den Blättern des Herbariums im Stande, angefeuchtet, aufzuwachen aus dem Todtenschlafe und ein neues Leben zu beginnen." Derselbe. Zweite Abhandlung. (Das. Bd. 46, 1869, S. 229—233; und Taf. X, Fig. 1—4). Schon in dem katarrhalischen Vorstadium lassen sich keimende Pilzsporen erkennen; nach der Abbildung scheint ein Pinsel beobachtet worden zu sein, welcher an Penicillium erinnert. Im späten Exsudatstadium fand der Verf. colossale Mengen kleinerer und gröfserer Pilzsporen nebst viel anhaftendem, zum Theil septirtem Mycelium. „Andere sehr feine Fädchen in dem Buschwerk (Pinsel) tragen keine Sporen und müssen als Paraphysen bezeichnet werden."

F. Roloff, die Miescherschen Schläuche oder Rainey'schen Körper (das. 437).

H. Kloss, über die Bedeutung der niedrigsten Lebensformen in dem Haushalt der Natur, Vortrag. (Bericht üb. d. Senckenberg. naturf. Ges. in Frankfurt: Juni 1868 — Juli 1869, S. 30—47, 8. Populäre Darstellung der Hauptresultate einschlägiger Arbeiten von de Bary, Pasteur, Pouchet. — „Bei einem Casuar, welcher im Frankfurter zoologischen Garten starb, waren Schimmelpilze bis in die Beckenknochen stark verbreitet und unstreitig von aufsen durch die mit den Lungensäcken communicirenden Luftkanäle der Knochen dahin gelangt. Sie waren durch ihre massenhafte Ausbreitung und Ueberhandnahme dazu angethan, wenn nicht zweifellos als ursprüngliche Krankheitsursache aufgefafst zu werden, doch als tödendes Accidenz zu einer anderen Krankheit zu gelten" (S. 39). — „Bei Hunden die an Wuthkrankheit zu Grunde gegangen waren, suchte ich im Blute, welches aus innersten Organen ent-

nommen war, unter Einhaltung der gröfsten Vorsichtsmafs-
regeln gegen zufällige Eindringlinge aus der Luft, die
Bacterien und verwandte Formen. Es fanden sich dünnste
Stäbchen in ungeheuerer Menge. Ein anwesender Botaniker von Fach und Gewähr widersprach der Deutung des
Fundes, indem er denselben für feinste, aber kaum sicht-
bare, nur durch ihre Längenausdehnung überhaupt zur
Wahrnehmung gelangte Nadeln von Margarinsäurekrystal-
len erklärte, die sich nach dem Tode aus Bestandtheilen
des kranken Blutes ausgeschieden hätten." (S. 45.)

M. J. Schleiden, über den *Schimmel* und seine
grofse Bedeutung für das Menschenleben. (Unsere Zeit,·
deutsche Revue 1868, IV. 1. S. 291—309). Ueber Gährung,
über die Ursache der Cholera durch Befallen des Reises
in Ostindien und dergleichen mehr, meist nach Hallier,
„von dessen viel umfassenden Resultaten wir den Anfang
einer neuen Epoche in der Kenntnifs der Pilze datiren
können."

In der allgemeinen Forst- und Jagdzeitung Aug. 1869,
S. 291 wird aus dem Staatsanzeiger Nr. 53, S. 923 über
eine Beobachtung R. Hartig's in Neustadt-Eberswalde
berichtet, wonach die Raupen des Kiefernspinners (B. Pini)
mit Fuligo salicina (nach Hallier's Bestimmung) befallen
waren und zwar in Folge des Fressens der Sporen sammt
den Kiefernadeln. Der Referent bezweifelt, dafs die Sache
eine praktische Bedeutung habe.

A. Polotebnow kommt durch seine Untersuchungen
zu dem Resultate, dafs die *Bacterien* mit den Vibrionen
und Spirillen zusammenfliefsen und nicht systematisch getrennt werden können; dafs ferner die Bacterien in die
Reihe der Pilze gehören und theils aus deren Sporen aus-
treten, theils als feinste Mycelverzweigungen zu betrachten
seien; sie sollen sich nicht selbstständig vermehren können.
(So nach dem Auszuge in Dingler's polytechn. Journal,
Juli 1869, S. 168. Ueber den Werth dieses Referates
giebt die Vergleichung des Originals in Sitzungsbericht

d. Wiener Akad. LIX. 29. April 1869, S. 817 Auskunft.) Aehnliche Erfahrungen macht man täglich. Es heifst hier u. A. §. 2. Die genannten drei Formen (zusammen als „Vibrionen" bezeichnet) sind Abkömmlinge (zarte Mycelien) von Pilzen, zumal von den Sporen des Penicillium glaucum. §. 3. Sie gehören selten gewöhnlichem Mycel an, meist gehen sie „unmittelbar aus der Spore" hervor, nachdem letztere einen lebhaften Theilungsprocefs durchmachte, wobei die zuletzt entstandene Zelle, aus welcher das Mycelium entsteht, blofs den dritten oder vierten Theil des Durchmessers der gewöhnlichen Penicilliumspore erreicht." §. 4. Schleimabscheidung begleitet in der Regel den Theilungsprocefs. §. 5. 60—100° C. sind am günstigsten für die Beobachtung der Vibrionenentwickelung aus Penicilliumsporen. Nach 1—2 Minuten langem Kochen der Sporen entwickelt sich aufser Vibrionen auch noch normales Mycelium und weiterhin daran Sporenpinsel. Kocht man 15 Minuten lang in alkalischer Flüssigkeit, so entwickeln sich nur Vibrionen; in saurer Flüssigkeit dagegen erfolgt Tödung. §. 6. Die aus den Sporen entwickelten Vibrionen scheinen unfähig zur weiteren selbstständigen Fortpflanzung zu sein. §. 7. Die Meinung, dafs sich Vibrionen in den Sporen und Mycelfäden aus den in beiden letzteren vorkommenden Körnchen (Hallier's Kerne, Schwärmer u. s. w.) entwickeln, oder dafs Vibrionen in andere höhere Formen (Hefe und dergleichen mehr) *übergehen* können, hat sich als vollkommen unrichtig herausgestellt. §. 8. Concentrirte Chininlösungen begünstigen die Entwickelung der Vibrionen aus den Sporen.

Smith, über das zahlreiche Vorkommen von Pilzsporen in der Luft von London. (Quarterly Journ. microsc. Science; Naturforscher 1869, Nr. 21; Dingler's polytech. Journ. Aug. 1869, S. 338).

W. Ph. Schimper, Traité de *Paléontologie* végétale ou la flore du monde primitif dans ses rapports avec les formations géologiques et la flore du monde actuel. Paris

1869. Mit Atlas von 100 lith. Tafeln. 4. (fl. 29. 48 kr.)
Taf. 1 enthält Pilze, nämlich : Fig. 1. Sclerotium pustuli-
ferum Heer. 2. Phacidium Eugeniarum H. 3. Rhytisma
maculiferum H. 4. Depazea increscens H. 5. Sphaeria
Kunkleri H. 6. Sphaeria ceuthocarpoides H. 7. Nyctomyces violaceus Ung. 8. Xylomides umbilicatus Ung. 9. Depazea picta H. 10. Rhytisma populi H. 11. Stigella Poa-
citarum H. 12. Hysterium opegraphoides H. 13. Hyster.
labyrinthiforme Ung. 14. Sphaeria proxima Ung. 15. Gy-
romyces Ammonis Göpp. 16. Sphaeria lignitum H. 17.
Sphaeria persistens H. 18. Sphaeria Braunii H. 19. Excipula Neesii Göpp. 20. Xylomides Zamitae Göpp. 21.
Xylomides asteriformis Fr. Br. 22. Xyloma populi Fr.
23. Hysterium antheraeforme H. 24. Hydnum antiquum H.

de Seynes, sur le genre *Mycenastrum*. (Bullet. soc.
bot. de France. XVI. n. 1, 2. p. 29, 1869).

de Candolle, sur les conditions de la végétation
des *Truffes* (das. p. 62).

Roze, sur quelques ergots de diverses Graminées,
(das. p. 176).

Miss Becker (Atheneum S. 342, 11. Sept. 1869).
Lychnis diurna, sonst eingeschlechtig, wird, wenn von einem
Pilze (wohl Ustilago antherarum, Ref.) befallen, in der
Hälfte aller Fälle hermaphroditisch blühend gefunden und
producirt bisweilen spät im Jahre gute Samen. Specula-
tionen über die Bedeutung dieser Erscheinung sind zugefügt.

Anatomie des *Champignons*, Agar. campester, mit Abb.
Nach der Popular scientific Review im Ausland 1869 S.
1193—1199). Die irrige Angabe, daß seine Sporen erst
keimten, nachdem sie den Darm eines Pferdes passirt hätten, wird hier wiederholt. (Vgl. Jahrb. f. wiss. Bot. II.
1860, S. 295. Taf. 32, Fig. 44).

L. Zimmermann berichtet über eine bedeutende
Beschädigung des *Hafers* durch Accidium Berberidis und
dessen Nachformen. (Zeitschr. d. landw. Centralvereins f. d.

R. B. Cassel, von Wendelstadt. 1869, II. Heft 3. S. 104—111).

C. Collingwood, on a *luminous fungus* from Borneo, wahrscheinlich ein Agaricus. Die jüngsten und kleinsten leuchteten am stärksten, auch in abgeschnittenem Zustande. Das leuchtende Agens ging nicht auf die berührende Hand über. Auch das Mycelium schien zu leuchten. H. Low fand das Licht unter Umständen so stark, dafs er dabei lesen konnte. (Journ. Linn. Soc. Bot. X. Nr. 48. Jan. S. 469).

O. Böttger, über die nachweisbaren Spuren des Lebens der Thier- und Pflanzenwelt in der Vorzeit. (Achter Bericht des Offenbacher Vereins für Naturkunde. 1867, S. 48, 49). Aufzählung einer Anzahl von *fossilen Pilzen*: Excipulites Neesii auf Farnkrautwedeln der Steinkohlenformation; Gyroceros Ammonis ebenso; Sphaeritos, Hysterites, Xylomites aus der Braunkohle auf Blättern. Nyctomyces auf tertiärem Holze. Sporotrichites heterospermus auf Insecten; Pezizites candidus auf Lepisma. (Nach Göppert, Unger u. A.).

Ueber die unterirdische *Champignonzucht* in den Gypsbrüchen zu *Mont rouge* bei Paris berichtet nach englischer Quelle das Ausland, 1869, Nr. 52, S. 1245). Die Beete befinden sich 70—80 Fufs unter der Erdoberfläche. — Aehnliche Anlagen sind bei Frépillon Méry sur Oise (unweit der Station Auvers, Nordbahn), welche bisweilen 3000 Pfund Schwämme in einem Tage nach Paris liefert. 1867 hatte der Besitzer Renandot dort 21 englische Meilen Pilzbeete. Die Cultur mufs zeitweise auf 1—2 Jahre ausgesetzt und die Localität vollkommen gereinigt und Alles frisch hergestellt werden, weil die Crescenz zuletzt stille steht. Kohlenbergwerke sind ungeeignet für diese Zucht. Auch Eisentheilchen stören die Vegetation.

P. Thénard hat nachgewiesen, dafs das Pasteur'sche Verfahren der *Weinconservation* mittelst Erwärmung bereits 1810 von Appert erfunden ist (auf 75° in Flaschen), und dafs de Vergnette ungefähr gleichseitig als geeignetste Temperatur 50° ermittelt hat, 1865. (Compt. rend. LXIX. Octob. 1869, S. 748). — Darauf Erwiederung von Pasteur (Compt. rend. l. c. S. 973). Vgl. ferner Novb. S. 1048.

Bacterien wurden von Cornil, Christot, Kiener auch im Blut und Eiter de l'homme et du cheval morveux (rotzkrank) gefunden, können also nicht charakteristisch für charbon sein. Sanson (Assoc. scientif. de France. p. 69, l. Aug. 1869, vgl. Compt. rend. LXVII. Novb. 1868. p. 1054 f.

P. Dorn, der Holz- oder Gebäudeschwamm. 2. Ausg. 8. Weimar 1870. Voigt. 12 Sgr.

E. Fries, Icones selectae *Hymenomycetum* nondum delineatorum; sub auspiciis reg. acad. scient. holmiensis ed. Holmiae 1867, H. 1—2, 1869, H. 3. Fol. — Abb. des Habitus mit Längsschnitt in Farbendruck, nebst lateinischem Text. — Taf. 1. *Hydnum* (Mesop.) versipelle Fr. — 2. H. (Mesop.) molle Fr. — H. torulosum Fr. — 3. H. fuligineo-album Schmidt. — H. mirabile Fr. n. sp. — 4. H. ferrugineum Fr. — 5. H. (Mesop.) scrobiculatum Fr. — H. nigrum Fr. — 6. H. graveolens Fr. — H. (Pleuropus) multiplex Fr. — 7. H. caput ursi n. sp. — 8. H. geogenium Fr. — 9. H. septentrionale Fr. — 10. H. septentr. Fr. — H. fulgens n. sp. — 11. *Agaricus* (*Amanita*) strangulatus Fr. — 12. Ag. (Am.) nitidus Fr. — Ag. (Am.) aridus Fr. — 13. Ag. (Am.) lenticularis Lasch. — 14. Ag. (*Lepiota*) hispidus Lasch. — Ag. (Lep.) clypeolarius Bull. — 15. Ag. (Lep.) gliodermus. — Ag. (Lep.) delicatus. — Ag. (Lep.) sistratus Fr. — 16. Ag. (Lep.) illinitus Fr. bis jetzt aufser Schweden nur in Deutschland — vom Ref. — aufgefunden, vgl. S. 17. — Ag. (Lep.) medullatus Fr. — Ag. (Lep.) parvannulatus Lasch. — 17. Ag. (*Armill.*) imperialis. — 18. Ag. (Armill.) constrictus Fr. — Ag. (Armill.) laqueatus Fr. — 19. Ag. (Armill.) Laschii Fr. — Ag. (Armill.) pleurotoides n. sp. — 20. Ag. (Armill.) deni-

gratus Fr. Hierbei ein Monstrum aus zwei verkehrt mit
den Hüten aufeinander gewachsenen Exemplaren, so dafs
der Strunk des oberen frei in die Höhe ragt. — 21. Ag.
(*Tricholoma*) colossus Fr. — 22. item. — 23. Ag. (Trichol.)
sejunctus Sow. — 24. Ag. (Trichol.) portentosus Fr. —
Ag. (Trichol.) fucatus Fr. — 25. Ag. (Trichol.) quinque-
partitus. — 26. Ag. (Trichol.) flavo-brunneus Fr. — Ag.
(Trichol.) ustalis Fr. — 27. Ag. (*Armill.*) aurantius Schaeff.
— Ag. (Armill.) bulbiger Alb. Schw. — 28. Ag. (Trichol.)
pessundatus F. — 29. Ag. (Trichol.) resplendens F. — Ag.
(Trichol.) Columbetta Fr. — 30. Ag. (Trichol.) imbri-
catus Fr.

O. Brefeld, *Dictyostelium* mucoroides, ein neuer
Organismus aus der Verwandtschaft der *Myxomyceten*.
(Abhandl. d. Senckenb. naturforschenden Gesellsch. VII.
Frankf. 1869, S. 85—107, Taf. 1—3). Die Zeichnungen
sind für das Auge allzu zart und bleich gehalten, zum
Theil kaum deutlich sichtbar. — Verf. beobachtete bei
Mucorculturen auf Mist (besonders von Kaninchen) einen
Pilz, welcher an Mucor und zugleich an Stemonitis erinnert
und auf einem filtrirten Decoct von frischem Pferdemist
cultivirt werden konnte. Derselbe hat einen mit parenchy-
matischen Zellen ausgefüllten Stiel, kein Mycelium; die
Sporen liefern bei der Keimung Amöben (ohne Cilien und
nicht wie Schwärmer beweglich), welche gelegentlich verschmelzen, aber auf dieser Lebensstufe nur vorübergehend
(S. 88). Indefs gewinnen die einzelnen Amöben dabei an
Gröfse. Weiterhin vermehren sie sich wiederholt durch
Zweitheilung. In gröfseren Amöben ist der Zellkern deutlich zu sehen. Das nicht seltene Vorkommen ungekeimter
Sporen in den erwachsenen Amöben beweist deren Fähigkeit, feste Körper in sich aufzunehmen; unsicher ist, ob
diese sich an der Ernährung betheiligen. — Hiernach werden die Amöben träger, der Zellkern wird unsichtbar, die
Pseudopodien hören auf sich vorzustrecken und die Individuen verschmelzen nun bleibend zu Plasmodien. Letztere

sind schwach vacuolisirt, kriechen nicht und zeigen keine Plasmaströmung. Sofort beginnt die Umwandlung in den Fruchtträger, so daſs also dieser Organismus ein vegetatives Zwischenstadium nicht besitzt. Die Arme des Plasmodium werden dabei eingezogen und es bildet sich in wenigen Stunden zunächst eine Kugel aus, die sich aufrecht streckt und im Inneren einen axilen Zellstrang entwickelt, den Anfang des Fruchtstieles. (Die Zellen desselben entstehen frei aus dem Plasma und sind in einer Scheide eingeschlossen; die obersten sind die jüngsten, anfangs rund, dann polygonal mit gleichen Durchmessern, durch Annäherung und gegenseitigen Druck sich umgestaltend; so bildet sich ein wirkliches Parenchym aus. Zellentheilung findet nicht statt.) Das Plasma zieht sich alsdann allmählich an diesem Stiele in die Höhe und verwandelt sich durch simultane Theilung in die kleinen Sporen. Eine Peridie ist nur vorübergehend zu erkennen; Capillitium ist nicht vorhanden. Die Membranen der Stielzellen und der Stielscheide haben die Reactionen von Cellulose; so auch die reifen Sporenmembranen. — Anomaler Weise kann auch ohne eigentliche Stielbildung die Sporenbildung aus dem Plasma in gewöhnlicher Art vor sich gehen. In diesem Falle sind die Peridien der (nun kugelförmigen) Sporangien auffallend dick. — Auch bei diesem Organismus kommt eine Encystirung der Amöben vor, namentlich bei längere Zeit fortgesetzten Culturen. Die Cystenmembran besteht nicht aus Cellulose. Die Amöben konnten aus ihnen wieder hervorgelockt werden, doch bildeten sie dann kein neues Plasmodium aus. Die Ursache der Encystirung liegt nicht in dem Alter, auch nicht in dem langsamen Austrocknen, sondern vielleicht in den Zersetzungen des Substrates. — In Wasser oder in Traubenzuckerlösung findet keine Keimung der Sporen statt; es bedarf dazu einer stickstoffreichen Flüssigkeit. (Je stickstoffreicher die Nahrung des Pferdes, das den Mist lieferte, desto gedeihlicher das Mistdecoct für die Culturen : Hafer im Vergleiche zu

Heu und Stroh). Direct auf Pferdemist cultivirt, bildeten sich Sporangien von der Dicke eines Nadelkopfes, theils kugelig, theils cylindrisch. Durch Harnstoff oder Ammoniaksalze läfst sich jenes Substrat nicht ersetzen. Dagegen zeigte sich Hippursäure geeignet, ebenso harnsaures Kali. Saure Reaction ist nicht nothwendig. — Ob die Amöben Carminkörnchen aufnehmen, ist zweifelhaft, jedenfalls entwickeln sie sich normal ohne feste Nahrungsmittel. Licht und Schwerkraft beeinflussen nicht die Ausbildung der Fruchtträger. Sie wachsen senkrecht auf die Substratfläche im Hellen wie im Dunkeln. Wärme ist günstig.

Die Keimkraft der Sporen erlischt schon nach wenigen Wochen. — Die zugehörige Amöbe scheint die A. Limax Duj. zu sein. — Coemans hat denselben Pilz bereits einmal in Angriff genommen, ohne zu einem befriedigenden Resultate zu kommen, (Spicilège mycologique, Bull. ac. r. Belg. 2. Sér. Tom. XVI, Nr. 8) und zwar als „Pycniden bei Mucorineen." — Dictyostelium schliefst sich als einfacher Schleimpilz den typischen Myxomyceten einerseits an und bildet als solcher die Brücke zu den eigentlichen Pilzen andererseits; der Anschlufs an diese kann provisorisch bei den Mucorineen stattfinden. (Die typischen Myxomyceten, die feste Ingesta aufnehmen und ausscheiden, sollen gerade hierin den Hauptgegensatz gegen die ächten Pilze zeigen, welche ihrerseits nur von gelösten Nährstoffen leben; unser neuer Pilz stehe darin den letzteren zunächst.)

E. Hallier, zwei neue Untersuchungen über den Micrococcus. (Flora 1868, S. 54—57). Obgleich die Untersuchungen des Verfassers, schneller als erwartet, bereits anfangen, nur noch historischen Werth zu besitzen, mögen sie doch der Vollständigkeit wegen auch weiterhin verzeichnet werden. Im Wesentlichen bringt die vorliegende Mittheilung wieder die alten Geschichten. Nebenbei kräftige Ausfälle auf Andersgläubige, namentlich den Referen-

ten. „Es ist begreiflich, dafs die Vertreter der alten *)
dogmatischen Gährungslehre, welche durch meine Untersuchungen den Todesstofs erlitt, von Verstimmungen darüber nicht frei bleiben; aber sie sollten wenigstens nicht
Thatsachen abläugnen, blofs aus dem Grunde, weil sie selbst
nicht im Stande waren, dieselben zu constatiren. Dafs
der Verf. der „mykologischen Berichte" ebensowohl die
Pasteur'schen Untersuchungen, wie die meinigen, durch-
aus falsch verstanden und daher auch dem Publikum in
seinen Berichten falsch vorgeführt hat, weifs jeder, welcher
meinen Arbeiten mit Aufmerksamkeit gefolgt ist und damit das in den mykologischen Berichten Enthaltene ver-
gleicht. Am stärksten tritt es noch neuerdings in der Kritik
über Thomé's Cylindrotaenium hervor. Jenem Referenten fehlt vor allen Dingen ein gutes Miskroscop, wenn er
nicht im Stande ist, die Bewegungsorgane [nämlich einen
langen Schwanz, S. 55]) des schwärmenden Micrococcus
wahrzunehmen." Ich will hierbei bemerken, dafs mir an
einer anderen Stelle (S. 56) der Verf. nachsagt, ich habe
die Pasteur'schen Untersuchungen gegen die Generatio
spontanea eine „faule Sache" (mit Anführungsstrichen) genannt, während ich factisch ganz derselben Ansicht mit
Pasteur huldige (und genug darüber geschrieben habe),
und während aus dem Zusammenhange jener Stelle deutlich hervorgeht, dafs nicht Pasteur genannt ist, sondern
sein Gegner. (Bot. Ztg. 1865, S. 344). Was der Verf.
über meinen Apparat für Reincultur von Schimmeln und
die angebliche Absperrung mit Honigwasser sagt, beweist,
dafs er denselben mit dem Gährapparate verwechselt hat,
obgleich beide durch Abbildung verdeutlicht sind. (Bot.
Ztg. 1865, S. 348, Fig. A und B.) Auch de Bary kommt
übel weg. Solamen miseris socios habuisse malorum. „Der
grobe Ausfall (desselben) gegen mich in der Botan. Ztg.

---

*) Ohne Komma.

1868, Nr. 2, S. 26, Anmerkung, ist ganz unmotivirt. Die
Arbeit (desselben) über Eurotiumbefruchtung vom Jahre
1854 habe ich nur ihres Alters wegen geschont." — Vgl.
auch die Antwort darauf von de Bary : Flora 1868, S.
99, wo die Halli er'schen Pilzentwickelungsgeschichten als
Thorheiten bezeichnet werden, bei denen man nur darüber
im Zweifel sein kann, ob man sich über die Verblendung
oder über die Dreistigkeit ihres Autors mehr verwun-
dern soll.

W. Nylander, Animadversio circa historiam *amylo-
bactericam.* (Flora 1868, S. 135.) Gegen Trécul. Verf.
erklärt die Amylobacterien für gewöhnliche Bacterien und
bestreitet ihre Entstehung durch generatio spontanea sowie
aus kleinen Granulationen.

E. Hallier, Untersuchung der Parasiten beim *Tripper,*
beim weichen *Schanker,* bei der *Syphilis* und bei der *Rotzkrankheit* der Pferde. (Flora 1868, S. 289—301.) Verf.
fand im Trippersecrete „Micrococcus" ohne spontane Bewegung; er erzog daraus Cladosporium, weiterhin ein
Coniothecium (gonorrhoicum n. sp.). Unter veränderten
Verhältnissen entwickele sich daraus ein Mucor (gonorrhoi-
cus n. sp.) und ein Penicillium (gonorrhoicum n. sp.). —
Der Micrococcus des weichen Schankers lieferte ein Coniothecium syphiliticum n. sp. mit einem Cladosporium syphiliticum n. sp. als Nebenform. Auch hier entstehe auf
verändertem Substrate ein Penicillium (syphiliticum n. sp.),
bisweilen mit complicirterer Stammbildung : Coremium syphiliticum und Mucor syphiliticus n. sp. Dieser Micrococcus
sei in allen syphilitisch kranken Körpertheilen, auch im
Blute enthalten. Der Mucor sei wahrscheinlich identisch
mit der Chionyphe Carteri. Die Pilze der Syphilis und der
Rotzkrankheit, welche Verf. gleichfalls aus den betreffenden Micrococcus cultivirte, seien völlig ununterscheidbar.
Danach sei entweder Ansteckung der Pferde durch Syphi-
litische zu vermuthen, oder daß die Pferde an demselben
Ort in der Natur mit der Rotzkrankheit inficirt werden,

wo ursprünglich der Syphilisparasit in den Menschen gelangt. Die Blutkörperchen zeigen beim Rotz Auswüchse
und Bewegung wie Amöben. — Eine Tafel (3) zeigt die
besprochenen Formen.

S. Kneeland, on a fungoid parasite, or Caterpil-
lar-Fungus (Cordyceps?), from the Philippine Islands.
(Proceed. Boston. soc. of. nat. hist. XI. 1866—1867, p.
120—124).

Einzig in ihrer Art steht die Sammlung der Modelle
der sämmtlichen in der Grafschaft *Nizza* vorkommenden
Pilse, die sich im Museum von Nizza befindet, da. Sie
sind sämmtlich in ihren verschiedenen Entwickelungsphasen
in natürlicher Gröfse und in den natürlichen Farben, sowie mit ihren generischen und specifischen Charakteren auf
das Genaueste nachgebildet. In einem besonderen kleinen
Cabinet sind diejenigen Arten, die gewöhnlich auf dem
Markte zu Nizza verkauft werden, aufgestellt. Diese Nach-
bildungen sind das eigenhändige Werk des Directors des
Museums, B a r l a.

F. S. Cordier, les champignons de la *France*.
Histoire, description, culture, usages des espèces comesti-
bles, vénéneuses, suspectes, employées dans les arts, l'industrie, l'économie domestique et la médecine. Orné de
vignettes et de 60 chromolithographies par Mlle. D e l v i l l e
C o r d i e r. Paris, Rothschild 1869—70.

Dieses Werk besteht aus mehreren Abtheilungen.

Die erste enthält Allgemeines über die Organisation
der Pilze, ihre Physiologie, Reproductionsweise, Geographie,
Einflufs des Bodens auf dieselben, Standort, Jahreszeit,
Klima; Unterscheidung der efsbaren von den giftigen;
Mittel die letzteren unschädlich zu machen; Schädlichkeit;
Cultur, Einsammlung, Aufbewahrung der nützlichen Arten,
Zubereitung in der Küche; Bedeutung in der Industrie,
der häuslichen Oekonomie, den Künsten; Wirkungsweise
der giftigen auf die thierische Oekonomie, Behandlung der
Vergiftungszufälle; medicinischer Gebrauch.

Im zweiten Theil werden die efsbaren, giftigen und sonstwie gebräuchlichen Arten geschildert, also alle in Frankreich vorkommenden Arten, welche für den Menschen ein näheres Interesse darbieten. Der detaillirten Beschreibung ist in der Regel die Synonymie zugefügt, leider ein sehr verwickeltes Thema, nebst Abbildungscitaten. Ferner sind neue Abbildungen nach der Natur beigegeben, von einer oder mehreren Arten der abgehandelten Genera. Vor den Beschreibungen befinden sich synoptische Tabellen, wo die Charaktere der Familie und der Genera auseinandergesetzt sind. Die Gattung Agaricus ist nach Persoon's System abgehandelt, da diese Eintheilungsweise dem Verf. praktischer schien, als die Fries'sche. Doch ist die Sporenfarbe berücksichtigt, sowie das Verhältnifs der Lamellen zum Hymenophorum. Die Zerspaltung der Linné'schen Gattung Agaricus in 12 oder 15 Genera durch Fries wird nicht adoptirt, da die Charaktere zu wenig schneidend seien, um von Anfängern erkannt zu werden.

Da ein Catalog der französischen Pilze noch nicht veröffentlicht ist, so hat Cordier eine Aufzählung aller diesen Gattungen angehörigen Species gegeben. Diese Aufzählung, alphabetisch geordnet, ist, wie der Verf. sagt, unvollständig, kann aber als Anhaltspunkt für solche Botaniker dienen, welche sich mit Mykologie beschäftigen. (Bull. soc. bot. France. 1869, Rev. bibl. D. p. 176).

M. Cornu, note sur le *Chytridium* roseum dBy und Wor. (Bull. soc. France. 11. Juin 1869, p. 223). Verf. beobachtete die Entwickelung dieses Wesens, anscheinend parasitisch auf keimenden Equisetumsporen. Die aus den Zellen hervortretenden Hälse hält er für eine Formation spéciale, sie entstehen nicht, wie die Verff. annahmen, aus abgebrochenen Würzelchen.

M. Cornu, note sur l'oospore du *Myzocytium* proliferum Schenk, eine im Innern von Conferven vorkommende Saprolegnice. (Das. S. 222). Verf. beobachtete sexuelle

Sporen. Von zwei consecutiven Zellen fungirt die eine als Antheridie, die andere als Oogonium. Ersteres sendet einen stumpfen Fortsatz ins Innere des Oogoniums, indem es die Trennungswand zurückschiebt und seinen ganzen Inhalt entleert. So bildet sich eine einzelne Oospore von Rosafarbe, mit glatter Oberfläche. Keimung unbekannt.

E. Roze bestätigt die Beobachtung Oorsted's, daſs durch die Infection der Birnblätter mit *Pudisoma* Junip. Sabinac Fr. sich *Roestelia* entwickele, und zwar aller Wahrscheinlichkeit nach aus der Puccinia-, nicht aus der Uredoform der Gallerte. (Das. 28. Mai 1869, S. 214.)

M. Cornu (das. S. 213). Auf Lychnis dioica L. wird durch das Auftreten der *Ustilago antherarum* constant Hermaphroditismus veranlaſst. Das Pistill ist etwas verändert, die Eier sind normaler und können mit gutem Pollen befruchtet werden. Auf denselben Stämmen kommen normale rein weibliche Blüthen vor. (Vgl. oben Becker S. 72.)

J. E. Duval, des *ferments* organisés, de leur origine et du rôle qu'ils sont appelés à jouer dans les phénomènes naturels. (Thèse de pharmacie, in 4. 47 S. Paris 1869.) Seine Versuche führten den Verf. zu der Ueberzeugung, daſs die Hefe aus verschiedenen niederen Organismen hervorgehe, kein scharf begrenztes Wesen sei.

L. Cienkowski, Beiträge zur Kenntniſs der *Monaden*. (Archiv f. mikroskop. Anat. 1. 1865, S. 203—232, Taf. 12—14). Abgebildet sind u. a. Monas Amyli (Fig. 1—5), M. irregularis Perty (F. 42, 43), Pseudospora (olim Monas) parasitica (F. 6—11), Ps. Nitellarum (F. 12, 13), Ps. Volvocis (F. 14—18), Colpodellen u. a.

E. Hallier, über *Leptothrix*-Schwärmer und ihr Verhältniſs zu den *Vibrionen*. Erläutert aus der Entwickelungsgeschichte von Penicillium und Mucor. (Schultze's Archiv f. mikroskop. Anat. 1866. II. S. 67—86, Taf. 5.) Leptothrix buccalis und Bacterium werden als besondere Vegetationsform aus „Penicillium-Mucor" abgeleitet.

Hedwigia, Notizblatt für kryptogamische Studien, nebst Repertorium für kryptogamische Literatur. Herausgegeben und verlegt von L. Rabenhorst. Dresden. *1868. VII.* Nr. **1**, S. 12. Enthält den Schlufs der von Fuckel in dessen Fungi rhenani (Cent. 18) neu aufgestellten Pilzarten in kurzen Diagnosen. (Nr. 1705—1799.) Sphaeronema rostratum Fuck., Pleospora Frangulae, Amphisphaeria epidermidis, Sphaeria (Sphaerella) Berberidis Nitschk., Sphaeria caricicola, canofaciens, monilispora, Vaccinii, circinata, Mori Nitschk., Viburni Nitschk., Rosae, procumbens, tigrina, Alliariae F. (non Awd.), immersa, herpotrichoides, Pinetorum, Clematidis. — **2**. B. Auerswald, *Sphaeria cubicularis* Fr. Von Nitschke verkannt und mit Anthostoma cubiculare N. (Sordaria Fleischhakii Awd.) verwechselt. Die Fries'sche Sph. cub. ist identisch mit Tuberculostoma lageniforme Sollm., gehört aber zu Ostropa. Was Sph. cubicularis Curr. ist, mufs weiter untersucht werden. Zu beiden obigen Arten gehört sie nicht. — **3**. Nitschke, über Anthostoma cubiculare (Fr.) N. Tuberculostoma lagenif. Sollm. = Robergia unica Dam. Sordaria Fleischhakii Awd. = Anthostoma cubiculare N. — **4**. Auerswald, noch einmal Sph. cubicularis Fr. — *Id.* die *Ascobolus*-Arten auf Hundskoth. Diagnosen. Neben einander fand Verf. Asc. caninus, polysporus und fallax n. sp., letzterer verschieden von A. microscopicus Crouan. — **5**. B. Auerswald, die *Sporormia*-Arten (Hormospora Fr. Summ.). Es sind : Sp. Fleischhakii Awd.; minima (microspora) A., wohin wohl Sphaeria stercoris Curr. (Fig. 40, non 39) gehört; intermedia A. (Sp. stercoris A. in sched.; Sphaeria fimetaria Rbh. hb. 1733; stercoris Rbh. hb. 644); — Sp. megalospora A. — Sp. Notarisii Carest. — Sp. fimetaria dNot. — Sp. octomera A. — Sp. heptamera (platyspora) A. — Abgebildet sind (T. 1) Sporen und Schläuche : F. 1, 2 von Sp. Notarisii. 3. Ascus von Sp. minima; 4. von intermedia; 5. megalospora; 6. fimetaria; 7. octomera; 8. heptamera; 9. Baggea pachyascus

6 *

A.; 10. Sp. Fleischhakii; 11. Delitschia didyma; 12. Sordaria
macrospora A. — 6. T. Nitschke, Mitth. über *Pyrenomyceten*. 1. Ueber *Anthostoma* cubiculare N. 2. *Xylaria*
cupressiformis Becc. Nach dem Sporenbau wesentlich verschieden von Xylaria Hypoxylon var. cupressiformis. 3. X.
Hypoxylon (L.) Grev. Auffallende Varietät. 4. X. filifor-
mis Fr. Dazu wohl Sphaeria stipiticola Sw. 5. X. stuppea
Wllr. (Hypoxylon rhizoides Rbh.) 6. X. Fuckelii N.
7. X. longipes N. Hierher Sphaeria polymorpha v. pistillaris P. — 7. Nichts Mykologisches. — 8. *Erbario crittogamico* italiano. Genova 1868, Ser. 2. Nr. 1—100. Enthält
32 Pilze, welche aufgezählt werden. Neu : Hexagonia
Marucciana Bagl. et dNot. mit Diagnose. (= H. Mori fg.
sard.) Blitridium Carestiae dNt. (ebenso). Dothidea Hip-
pophaës (it.) — L. Rabenhorst, *fung. eur.* Cent. XII.
1868, Nr. 1101—1200. Zum Theil mit Diagnosen. (Vgl.
Botanische Zeitung 1868, S. 542). Es möge hier
das vollständige Verzeichnifs der in dieser Centurie enthaltenen Pilze sogleich eingeschoben sein. Nr. 1201, Agaricus melleus Vahl. — 2. Ag. (Trichol.) brevipes Bull. —
3. Ag. (Myc.) citrinellus P. — 4. Marasmius epiphyllus Fr.
— 5. Mar. splachnoides Hornm. — 6. Ag. (Pleurot.)
Eryngii DC. — 7. Panus Sainsonii (Lev.) Heufl. (P. Hoffmanni Fr.) — 8. Boletus viscidus L. — 9. Polyporus sub-
squamosus Fr. — 10. Pol. cinnabarinus Fr. — 11. Corticium quercinum β Tiliae. — 12. C. calceum, lacteum Fr.
13. Polyporus lucidus Fr.; f. apus. — 14. Corticium quod-
dam, unfertiges Gebilde auf Eschen. — 15. Auricularia
mesenterica Fr. — 26. Odontia barba Jovis Fr. — 17. Lycoperdon gemmatum Fr. — 18. Cordyceps entomorhiza Fr.
f. spermatophora auf Raupen. — 19. Peziza echinulata
Awd. — 20. Pez. brunnea A. S. — 21. Helotium pulveru-
lentum Awd. — 22. Pez. Caucus Rbt. (amentalis Schum.,
amentacea Balb.) — 23. Phacidium geographicum Kickx.
— 24. Blitridium Carestiae dNt. — 25. Phacid. dentatum
Kz. — 26. Lophodermium arundinaceum Chev. β apiculatum

Dub. (Hysterium apiculatum Fr.) — 27. Bagges pachyas-
cus Awd. — 28. Patellaria connivens Fr. (Peziza). — 29.
Cenangium Frangulae (P.) Tul. (Tympanis Frangulae Fr.,
Peziza P.) — 30. Cen. tremellosum Anzi. — 31. Tympanis
(Phacidium) Pinastri Tul. — 32. Coryneum microstictum
B. B. (Sporocadus rosaecola Rbh. hb. 1. 1166; verosimi-
liter et Hendersonia lichenicola Lév.) — 33. Mitrula cucullata Fr. — 34. Nectria pyrrhochlora Awd. (chrysomelas ej.)
— 35. N. Cucurbita Td. Fr. — 36. Ascobolus Tetricum
Carest. et Sporormia promiscua Car. — 37. Massaria inqui-
nans dNot. (Sphaeria gigaspora Dsm.; S. Corni Mt.; Sac-
cothecium sepincola Fr. Su.; Massaria Bulliardi Tul.) —
38. Echnoa callimorpha Awd. (Sphaeria Mt., Venturia
Awd.) — 39. Lophiostoma praemorsum Awd. (Sphaeria
Rbh. hb. 1. 1249; S. Jerdoni Berk.) — 40. Discella Des-
masierii B. B. — 41. Sphaeria septorioides Dsm. — 42.
Sph. Empetri Fr. — 43. Sph. rhodomela Fr. — 44. Sph.
parallela Fr. (non Curr.) — 45. Lasiosphaeria scabra Awd.
(Sphaeria Curr.) — 46. Sordaria Friesii Niessl. (Sphaeria
sordaria Fr. S., Curr.) Auf Buchenholz. — 47. Valsa
quaternata Fr. (Quaternaria Persoonii Tul.) — 48. Valsa
leucostoma Fr. — 49. Valsa syngenesia Fr. — 50. Pseudovalsa lanciformis dNt. (Diatrype Fr.) — 51. Ps. Stilbospora
Awd. (Melanconis macrosperma Tul. f. ascophora; ist
Schlauchform der Stilbospora angustata auct. — 52. Leptosphaeria Niessleana n. sp. — 53. Lept. pleosporoides Awd.
(huc : Pleospora Clematidis ej.) — 54. Lept. agnita Dsm.
— 55. Hendersonia? (Staurosphaera?) Latani Fleischhak.
56. Raphidophora Ononidis Awd. (Sphaeria fruticum Rob.)
— 57. Sphaeropsis pumila Moug. — 58. Sphaeropsis
rutaecola Rbh. — 59. Phyllosticta Atriplicis Dsm. (Asco-
chyta Lasch.) — 60. Ph. Labiatarum n. sp. — 61. Endo-
hormidium tropicum Awd. et Rbh. (c. ic. anal.) auf Podo-
carpus. Stellung bei Accidium, Apiosporium? — 62.
Phyllosticta Umbellatarum Rbh. — 63. Ph. Violae Dsm. —
64. Ph. Potentillae Dsm. — 65. Septoria Aucupariae Lasch.

— 66. Sept. Polygonorum Dsm. — 67. Sept. Equiseti Dsm. — 68. Sept. Fagi Awd. — 69. Cryptosphaeria ligniota Awd. (Sphaeria, Diatrype Fr.) — 70. Celidium Stictarum Körb. — 71. Stigmatea (Coleroa) Grossulariae Awd. Fischh. — 72. Dothidea Napelli Ces. — 73. Vermicularia Dematium (P.) Fr. — 74. Asteroma vernicosum Klchb. (Dothidea Fr., Sphaeria DC.) — 75. Polythrincium Trifolii Kz. (Cephalothecium Polythrincium Bon.) — 76. Graphiola Phoenicis Poit., im Warmhause in Riga. — 77. Octaviana asterosperma Vitt., aus England. — 78. Hormiscium hysterioides Cd. (Torula). — 79. Rhizopogon rubescens Tul. — 80. Melasmia acerina Awd. — 81. Peronospora pygmaea Ung. — 82. Oidium Orobi Rbh. — 83. Cladosporium herbarum LK. — 84. Cl. brunneum Cd. — 85. Macrosporium peponicolum Rbh. — 86. Cercospora ferruginea Fuck. — 87. Helminthosporium Tiliae Fr. (ab Exosporio Tiliae toto coelo diversum). — 88. Melanconium elevatum Cd. — 89. Mel. bicolor Ns. — 90. Mel. stromaticum Cd. — 91. Tuburcinia Scabies Berk. (Rhizosporium Solani Rbh.) — 92. Uromyces appendiculata Lev. und Aecidium Phaseolorum Wllr. (Aec. candidum Bon.) — 93. Pileolaria Terebinthi Cast. aus Ligurien. — 94. Puccinia Stachydis DC. — 95. Pucc. compacta dBy. — 96. Uromyces Erythronii DC. (Uredo Er. DC.) — 97. Desgl. Accidiumform (Aec. Er. DC.) — 98. Uromyces Amygdali Pass. — 99. Physonema gyrosum Lév. (Uredo, Fr., Phragmidii forma Uredinis!) — 1300. Ustilago typhoides Wllr. (U. grandis Pr.) — Appendix : Dematium stuposum P. (Mycelium fungi cujusdam). — J. Kühn, über *Rhizoctonia* violacea. (S. oben.) — 9. Auerswald, über *Xylaria* Fuckelii Nke., umfaſst zwei Arten, von denen die eine als X. Delitschii Awd. bezeichnet und obiger Name cassirt wird. — *Id. Peziza* echinulata Awd. n. sp. (patula Rbh. fg. 1009); P. ciliaris v. globulifera P.) — *Id. Hormospora* oder Sporormia? Letzterer Name wird vorgezogen. Beschreibung einer neuen Species : Sp. vexans Awd. — 11. F. W. Schmid, chemische und

optische Untersuchung des durch *Mutterkorn* verunreinigten
Mehles. — **12.** Auerswald, *Pestalozzia* depazeaeformis
n. sp. — C. Kalchbrenner, Diagnosen zu einigen *Hym-*
enomyceten des v. Hohenbühel-Heufler'schen Herbars. (Aus
den Verh. der zoolog. botan. Gesellschaft; Wien 1868)
Dieselben sind mitgetheilt und beziehen sich auf Polyporus
australis Fr.; P. Hausmanni Fr.; P. Schulzeri K.; P. cyphelloides Fr.; Lenzites mollis Heufl. — Auerswald, *Pyre-*
nomycetes novi ex herbario Heufleriano. (Aus Oesterr. bot.
Zeitschr. 1868, Nr. 9). Diagnosen von Sphaeria (Pertusae)
Heufleri A., Pleospora orbicularis, pachyascus, herbarum
β fruticum. Leptosphaeria psilospora. Raphidophora tenella.
Stigmatea Primulae. Sphaeropsis Tami. Sphaerella inter-
mixta (Sphaeria i. Berk. Br.) Asteroma Eryngii (Sphaeria
Fr.). Leptosphaeria glaucopunctata (Sphaeria gl. Grev.,
Rusci Wllr., Dsm. Sphaerella Rusci Ces.). Hercospora
rudis (Sphaeria Fr., Aglaospora r. Tul.). Sordaria obli-
quata (Sphaeria ob. Sommerf.). — Auerswald, *Pyreno-*
mycetum aliquot novae species *tirolenses.* (Oesterr. bot.
Zeitschr. 1868, Nr. 8.) Diagnosen von Leptosphaeria
Hausmanniana. Gnomonia inaequalis. Thecaphora Tunicae.
 Hedwigia. *VIII. 1869*, Nr. **1.** *Bonorden*, *Tri-*
phragmium LK. Beschrieben und abgebildet. Tr. Ulma-
riae Lk. — Auerswald, *Fleischhakia* nov. gen. e grege
Perisporiacearum. Mit Abb. Dahin F. laevis (Sporormia
Fleischhakii Awd. ol.) und Fl. punctata A. — **2.** F. Cohn,
über *Sternschnuppengallert.* Wurde von Manchen für pilz-
lichen oder sonst pflanzlichen Ursprungs gehalten, besteht
aber aus aufgequollenen Froscheileitern (wie Ref. bereits
1844 nachgewiesen hat. Liebig's Annal. d. Chem. und
Pharm. S. 240—242). Secundär darin auch Pilzfäden von
Mucor und Fusisporium, Cladosporium und Sporidesmium.
Wenn S. 23 gesagt wird, dafs dem Verf. kein Augenzeuge
bekannt sei, welcher, namentlich im Winter, die Vögel bei
dem Geschäfte des Fröschesuchens belauscht habe, so kann
ich dieses Desiderat erfüllen. Ich selbst hatte Gelegenheit,

im schneefreien Winter Reiher auf der Jagd nach Fröschen
zu beobachten und die von ihnen zu deren Auffindung
mit dem Schnabel in die Erde gebohrten Löcher oder vielmehr Röhren zu untersuchen. Diese waren etwa einen Fuſs
tief, einen Zoll im Durchmesser und durchdrangen den Rasen
über einer Quelle, worin Frösche überwinterten, an welche
die Vögel von der Abfluſsstelle her nicht gelangen konnten. II. — Weiteres zur Literatur dieses Batrachomyces
s. Tremella meteorica alba L. Gmel. vgl. auch Bot. Ztg.
1869, S. 48 und 226 und 1866, S. 160 und 200; — Mat-
thiesen, über „Batrachomyces". Mitth. d. Ver. nördl. der
Elbe zur Verbreitung naturwiss. Kenntn. Kiel 1866, Heft 7,
S. 76. Beziehung zu Hypudaeus amphibius; — Gallo,
schles. Ges. f. vaterld. Cultur 1868—69, S. 69; das. Cohn
S. 130; — Caspary, Schrift. d. phys. ökonom. Ges. zu
Königsberg, VIII. 1867. Sitzungsber. S. 28. — *Erbario
crittog. italiano* 1868, fasc. 3. n. 101—150. Enthält 15
Pilze. Diagnose von Erysibe communis Lk. und Fusa-
rium lagenarium Passer. Reichardt, über Taschen der
Pflaumen (Ascosporium deformans Berk., Exoascus Pruni
Fuck.) auf Prunus spinosa und Padus; — *Ustilago* Fi-
cuum. — 3. Fuckel, noch einmal *Xylaria* Fuckelii Nke.
Bei dieser Gelegenheit zeigt der Verf. an, daſs er „Myko-
logische Beiträge" in dem Jahrbuche der nassauischen
naturf. Vereins im Sommer 1869 zu publiciren beginnen
werde. — Auerswald, *Heuflera*, nov. gen. Stictidearum.
Dazu Fig. 4 auf Taf. 1. Beschrieben werden H. alpina.
(H. Betulae herb. myc. typ. ist Arthonia punctiformis. —
H. conica Trevis. ist nicht angenommen worden, daher der
Gattungsname vacant.) — Sauter, Diagnosen *neuer Pilse.*
Hydnum (Merisma) sulfureum; H. giganteum Saut., an
septentrionale Fr.? — Polyporus albidus (Pleuropus). — Pol.
(Merisma) Hippocastani. — v. Hohenbühel, mykolog.
Tagebuch; Aecid. albescens; Panus Sainsonii. Irrig wird
hier angegeben, in des Ref. Icones anal. fung. sei derselbe
Pilz als Panus torulosus v. Sauteri zu finden. (Vgl. l. c.

T. 22, F. 1, p. 94). — **4.** F u c k e l, über *Fleischhakia*
Awd. — Fl. sei überflüssig, identisch mit Preussia Fuck.
Fl. laevis = Perisporium funiculatum Preuss. = Preussia
funiculata Fuck. — **5.** P. A. K a r s t e n, fungi quidam novi
fennici. (Aus „Notiser ur Sallskapets pro Fauna et Flora
fennica Förhandlingar" IX. 1868). Diagnosen von Agaricus (Entoloma) quisquiliaris n. sp. Lactarius geminus.
Helotium aeruginellum. Agyrium Pteridis. — *Id. Agari-
cini* in paroecia *Tammela* crescentes. 318 Arten, deren
Genera aufgeführt werden. Diagnose der neuen : Agar.
(Collyb.) leucophaeatus, Ag. (Pluteus) sororiatus. — *Id.*
Gastero- et Myxomycetes circa *Mustiala* crescentes. 20 Gast.
52 Myx. Bemerkung zu Reticularia versicolor. Beschreibung
von Trichia persimilis n. sp., Stemonitis elegantula n. sp.,
Didymium obducens n. sp. — *Id.* Polyporei et Hydnacei
in paroecia *Tammela* crescentes. Neu (mit Diagnose) :
Polypor. cuporus; selectus (= vulgaris v. flavus Fr., flavus
Sydv.); hians; Trametes Epilobii, Hydnum gracilipes. —
It. Auricularici, Clavariei et Tremellini in paroecia *Tammela*
crescentes. Neu (mit Diagnose) : Thelephora contorta,
Corticium lividocoeruleum; Clavaria corrugata, fennica,
paradoxa, muscigena; Typhyla graminum. Exidia glauco-
pallida. Pseudohydnum n. gen. — *Nylander,* „Observatio-
nes circa *Perizas Fenniae,* mit 2 Taf." in derselben Zeitschrift. — **6.** J. K ü h n, *Calyptospora,* nov. gen. Uredinearum. Auf Vaccinium Vitis Idaea. — A u e r s w a l d,
Sarcosphaera, novum genus Discomycetum. S. macrocalyx.
(Peziza m. Riess; P. Geaster Rbh.) In Thüringen; ohne
eigentlichen Stiel. — J. K ü h n, *Uromyces* Betae (s. o.) —
Erbario crittogamico italiano. Ser. 2. Fsc. 4. n. 151—200,
1869. Enthält 13 Pilze. — R a b e n h o r s t, *fungi eur.*
exsiccati. Ser. 2. Cent. 13. Dresden 1869. Aufzählung
der darin enthaltenen Arten. Neu (mit Diagnosen) sind :
Nectria pyrrhochlora Awd. Leptosphaeria Niessleana (pleo-
sporioides Awd.; Pleospora Clematidis Awd.). Hendersonia
(?) Latani Fleischh. Raphidophora Ononidis Awd. Endo-

horinidium Awd. und Rbh. n. gen.; E. tropicum c. ic.
Stigmatea (Coleroa) Grossulariae Awd. und Fleischh.
Asteroma vernicosum Klchb. Melasmia accrina Awd. —
Kützing, auf Reisen und Daheim. Unters. u. Beob. in
hohen Wärmegraden. Nordhausen 1869. U. a. wird von
einer Pilzmasse im Innern der Dampfblase einer Brannt-
weinfabrik Mittheilung gemacht (Mycospongia vaporaria),
aus starren brüchigen Celluloscfäden gebildet. Dieser
Behälter hat während der Destillation mindestens 100⁰ C.
— **7**. (S. 106) B a i l, H a r t i g u. A. über Krankheit der
Raupen durch Isaria und Cordyceps (s. o. — Aus den
Sitzungsber. d. naturf. Ges. zu Danzig 28. April 1869). —
8. K. K a l c h b r e n n e r, a Spepesi Gombak Jegyzéke.
Mit 6 color. Taf. II. Pest 1868. (Aus den Verhandlungen
der Akademie der Wissenschaften zu Pest.) Vgl. auch
Botanische Zeitung 1869, S. 549. Verzeichnifs von 1334
Pilzen, in ungarischer Sprache. Die neuen Spec. (c. diagn.)
sind mitgetheilt. Agaric. (Collybia) cacsiellus; Ag. (My-
cena) olegans P. v. hyperboreus; Ag. (Nolan.) piceus; Ag.
Lampas nov. subspec.; Ag. Lepturus nov. subsp.; Maras-
mius carpaticus; Panus Hoffmanni Fr.; P. carpaticus;
Polyporus scutiger; P. Evonymi; pallescens; spadiceus.
Trametes Kalchbrenneri. Peziza costata; bulgarioides.
Dothidea Visci. Amphisphaeria Lycii (fungus conidifer ==
Coryneum (Scimatosporium) Lycii und Sporidesmium Lycii
Niessl., Stilbospora Lycii Haz.) — Pseudovalsa. Lycii. —
Agar. (Armill.) melleus Vahl. Oedipus n. subsp. — Bole-
tinus u. gen., cavipes (Opat.). — M i l l a r d e t, des genres
Atichia, *Myrangium* et *Netrocymbe*. Aus Mém. soc. sc. nat.
Strassbourg 1868. VI. Mit Abb.) Atichia Mosigii keine
Flechte, sondern ein Pilz. — Myriangium ein Pilz, zwischen
Tuberaceen und Pyrenomyceten. Abb.: M. Duriaei. Netro-
cymbe Körb., Coccodinium Mass. Ist gleichfalls keine
Flechte, sondern eine Sphaeriacee. Phycopeltis epiphyton. F.
29—35. Hat Zoosporen. — **9**. M u n k e r t, Beitrag zur *Augs-*
burger Pilzflora. 1869. Titel. (Davon später mehr.) — **10**.—**11**.

P. A. Karsten, Monographia *Pezisarum fennicarum.* (Aus „Notiser ur sällskapets pro Fauna et Flora fennica förhandl." X. 1869.) Peziza wird in 25 Subgenera getheilt, deren Beschreibung beigefügt ist. — **12.** Auerswald, *Laestadia,* nov. Perisporiacearum genus. Diagnose der Gattung und Species : alnea (Sphaeria Fr. , Sphaerella Awd.); punctoidea (Sphaerella Cooke); Rosae (Sphaerella Awd.). — Ueber *Fleischhakia.* Gegen Fuckel, s. o., dessen Preussia sci nichts als Perisporium.

Fürstenberg, die Miescher'schen Schläuche. (Mitth. naturwiss. Ver. von Neuvorpommern und Rügen. 1. 1869, S. 41). Mit Abbildung der in denselben enthaltenen *Psorospermien* S. 48. Kühn ist der Ansicht, dafs diese Schläuche dem Pflanzenreiche angehören, und zu Gruppe der Mycophyceten zählen, zunächst der Gattung Synchytrium, daher S. Miescherianum. Roloff hält diese Gebilde für Haufen von Lymphkörnchen, die sich mit einer Membran umgeben haben ; eine Ansicht, welche Fürstenberg bestreitet. Bemerkenswerth ist, dafs die Weichtheile des bewohnten Thieres (Wirthes) nicht zerstört werden, vielmehr ist nur ein so zu sagen friedliches Zusammenwohnen beobachtet worden.

Severi (Bulletin soc. chimique de Paris. Sept. Oct. 1868, p. 313) fand, dafs der frische Magensaft die Fäulnifsprocesse aufhebt, ohne die Vibrionen zu töden ; woraus er schliefst, dafs die Ansicht irrig sci, nach welcher diese Organismen die Fäulnifs veranlafsten. Oder man müfste annehmen, dafs der Magensaft die Fäulnifsproducte latent mache, im gleichen Verhältnifs, als diese sich entwickeln.

Borscow (Bull. de l'Acad. de St. Petersbourg). *Ammoniakausscheidung* von frischen Pilzen verräth sich sofort durch die weifsen Nebel, welche sich entwickeln, sobald man einen mit Salzsäure befeuchteten Glasstab einem Pilze nähert. Dieses findet bei den Pilzen der verschiedensten Abtheilungen statt, bei Tag und bei Nacht, bei Diffusion und directem Sonnenlichte ; Mycelien und Sporen verhalten sich ebenso.

Die gleichzeitige Kohlensäureentwickelung isi dabei nicht proportional, sondern noch stärker, auch steigt und fällt dieselbe ganz unabhängig von jener. Bei beginnender Zersetzung nimmt die Abscheidung von Kohlensäure *ab*, wie schon M a r c e t nachwies.

O. B a y e r, Referat über *blaue Milch* und durch deren Genuſs herbeigeführte Erkrankungen beim Menschen. (Nach den Unters. von M o s l e r, dem R e f., F ü r s t e n - b e r g u. a. Hildb. Ergänzungsblätter 1869. IV. Heft 6, S. 359—361.) Nach F ü r s t e n b e r g liegt dabei immer ein leichtes gastrisches Leiden der betreffenden Kuh zu Grunde.

J. W r b a t a, die *Rothfäule der Fichte* und ihre Förde- rungsursachen, nebst Nutzanwendung für unsere Forstwirth- schaft. (L. S c h m i d t, Vereinsschr. f. Forst-, Jagd- und Naturkunde. 1870, S. 102—118, Prag.) Meist nach H a r - t i g und nach W i l l k o m m's mikroskop. Feinde des Wal- des. Der Verf. kommt zu dem Resultate, daſs die Roth- fäule eine Krankheit sei, der alle unsere Waldbäume zuletzt (im Alter) unterliegen, sie sei als naturgemäſser Charakter des jeder Pflanze eigenthümlichen Lebenszieles zu betrach- ten ; sie wird begleitet von Pilzen, denen die vorher aus irgend welchen Gründen auch anderer Art eintretende Funktionslosigkeit des Holzgewebes vorausgeht. Ungün- stiger Boden und Klima kommen hierbei besonders in Betracht.